中国古代天文知识丛书

中国古代二十八宿

ZHONGGUOGUDAI ERSHIBAXIU

陈久金 著

青海人民出版社

图书在版编目（CIP）数据

中国古代二十八宿 / 陈久金著. -- 西宁 : 青海人民出版社，2021.8（2024.7 重印）
（中国古代天文知识丛书）
ISBN 978-7-225-06191-7

Ⅰ. ①中… Ⅱ. ①陈… Ⅲ. ①天文学史—中国—古代—普及读物 Ⅳ. ① P1-092

中国版本图书馆CIP数据核字（2021）第155084号

中国古代天文知识丛书

中国古代二十八宿

陈久金　著

出 版 人　樊原成

出版发行　青海人民出版社有限责任公司
西宁市五四西路 71 号　邮政编码 :810023　电话 :（0971）6143426（总编室）

发行热线　（0971）6143516/6137730

网　　址　http://www.qhrmcbs.com

印　　刷　青海雅丰彩色印刷有限责任公司

经　　销　新华书店

开　　本　890mm × 1240mm　1/32

印　　张　6

字　　数　110 千

版　　次　2022 年 1 月第 1 版　2024 年 7 月第 8 次印刷

书　　号　ISBN 978-7-225-06191-7

定　　价　30.00 元

总　序

现在奉献在读者面前的这套丛书，是中国著名天文学史专家陈久金先生积60余年辛勤耕耘的精华集成，它覆盖了天文学史的方方面面。丛书在青海人民出版社即将付梓之际，陈先生委托我为之写序，作为后学晚辈，本不敢承当，但蒙先生厚爱，只好恭敬不如从命，不能为原著增辉，只愿能为弘扬陈先生的治学精神尽一点力量。

与人聊天时，一提到我们是学“天文”的，时常对方眼睛里就流露出了异样的光芒，这是因为在人们眼里，天文学研究的对象看得见却摸不着，是很神秘的。至于再提到我们是学“古天文”的，对方眼中的光芒就更异样了，这是因为“古天文”在人们眼中更加神秘，连带它的研究者都会带上神秘的光环。其实，我们这些研究天文、古天文的人，也都是普通的人，无论天文，还是古天文，都是常人也能掌握的学问。读者如果有心一窥或踏入中国古天文的殿堂，陈久金先生的这套丛书，就藏有解密的钥匙，可以引领我们打开登堂入室的大门。

无论东方还是西方，天文学都是一门历史非常悠久的学科。中国则更特别，中国不但是世界上天文学发展最早的国家之一，而且在上千年前就形成了一套与西方民族完全不同的体系。这套体系完整而独特，以其鲜明的内容和形式独立于世界民族之林，它以历法和天象观测为中心，统称“历象之学”，为世界文明做出了重要贡献。

天文学史专家席泽宗院士说过：“中国古代是无‘天’不成书，《尚书》一开头就讲天文，各种类书的分类第一项大都是天文，二十四史基本都有《天文志》。”这是为什么？这是因为，天文学在中国历史上有着极特殊的地位。在中国古代“天人合一”哲学思想的统领下，历象之学不但是一门与农业生产、日常生活密切相关的学问，也是国家机器的一部分，在政治、军事、礼仪系统上都起着举足轻重的作用，几乎渗透到社会生活的各个方面。这套丛书，从观象授时到历法的制定，从星名的来历到星占的故事，从考古发现到天象记录，讲述的就是中国古天文的这些特别之处。

在现代社会，随着社会结构的变迁和科学技术的发展，很多传统的东西都被我们置之不理了，其实，中华文明有许多优秀传统是需要我们继承和发扬的。研习中国古代天文学时，我们可以体会到，古人的“天人合一”思想，包含有“人是自然的一部分”“人与自然平衡共存”等合理的内核，如果吸取其中的精华，对未来社会人类重建与大自然的和谐关系，甚至建立内心的和谐都有重要的帮助。今人研究古天文，除了吸取其中对现代天文学有帮助的部分外，一个重要作用就是发挥其文化功能，而陈先生的这套丛书也贯穿了这种思想。

陈久金先生 1939 年生于江苏金坛，1959 年考入南京大学天文系，毕业后一直在中国科学院自然科学史研究所从事古天文历法的研究工作。他治学的格局和目标都非常高，态度严谨求实，视野开阔，见识超前，而且支持和容纳不同的学术观点。60 余年来，他以超出常人的专注精神刻苦研究，笔耕不辍，取得了学究天人的一系列重要成果，特别是在中国星座起源、少数民族天文历法等领域的研究尤为精深，具有填补空白、开辟新领域的重要贡献，在学术界倍受重视。陈久金先生是当代科技史界当之无愧的名家和代表人物之一。

我与陈先生是1998年认识的，那时我还是天文学史领域的一名新兵，先生平易近人，经常对我亲切指导，所以我一直把先生当作自己的老师看待，在读到陈先生的《星象解码》后，推崇备至，在征得先生同意后，还以此书为底本，写出了普及本《天上人间——中国星座故事》。另外，陈先生写的关于中国古代天文历法的普及著作、关于二十八宿研究成果的著作等，都写得有声有色，既有很高的学术价值，又有很强的可读性，做到了雅俗共赏。陈先生退休后仍然推出一部又一部高水平的著作，年过八旬，仍然对学术孜孜以求，这种态度实在令人敬佩。遗憾的是，他的那几本书的第一版印量都比较小，只有在大图书馆中才能找到，在书店甚至旧书网上都难以寻觅了。现在对中国古天文感兴趣的人越来越多了，因此，我听说青海人民出版社要以丛书的形式将陈先生的这几项成果重新结集出版，感到非常高兴，非常愿意向广大读者引荐这套新的版本。

把系列的著作以丛书的形式出版，比起单册的简史、专论，会显得更加厚重精深，这也是该套书追求的目标。《中国古代二十八宿》围绕中国星座的核心——二十八宿的话题展开，从二十八宿的起源，到星名含义和功能，到星占故事，娓娓道来，引人入胜，特别是二十八宿的起源和流变、星座命名等内容，很多是先生多年研究的成果，读来令人耳目一新，受益匪浅；《中国古代天文历法》的主要目标则是深入浅出地介绍中国古代天文学的全貌，既可以是初学者的入门书，也可以供研究者阅读参考；至于《中国古代星空解码》更是一部奇书，作者积几十年的研究，以齐全的资料，缜密的思考，对中国星座的起源、功能、文化内涵及星名由来等都作了深入的探讨，是学界揭示中国星座深厚文化内涵的第一部著作，内容博大精深，含有独到的见解和深厚的学术底蕴，书中还结合星名引用了近百个神话故事，对中国星名的含义和来历作了详细的分析。这是一部帮助读者认识中国星座的很好的入门书，也能给天文学史研究者、历史研究者提供新的视角。

总之，这套丛书的出版，会把中国古代天文学的普及向前推进一步，将增加人们对祖国天文文化的深入了解，对中国传统科技、传统文化的研究和弘扬也会有所促进。也相信，它会为增强我们中华民族的文化自信，做出应有的贡献。

北京天文馆研究员

原中国古天文联合研究中心副主任

王玉民

前　言

1. 二十八宿是什么？

有人在互联网上提问，什么是二十八宿？我们的回答是，二十八宿，也称二十八舍，故其含义，与月亮的宿舍有关。二十八宿，就是天上月亮的二十八处宿舍。这是因为，二十八这个数字，与月亮的运动周期有关。月亮自某恒星起，运行一周又回到该恒星处，所需的时间称为恒星月，约为 27.32 日。取其整数，便为 27 或 28 日。若将月亮每晚行经的星座看成一个星宿，那么，月亮绕行一周，便为 27 或 28 个星宿。这便是二十八宿的来历。中国习惯使用二十八宿，印度习惯使用二十七宿。但是，印度也有二十八宿的说法，中国早期也有二十七宿。使用二十七宿时，就将室、壁二宿合在一起，称为营室。

由此可见，古人发明二十八宿，首先是用于观测月亮在恒星间所处的位置。由于月亮平均每天行经一个星宿，故也可以粗略地预言或推算若干天以后月亮所处的星宿。印度称之为“纳沙特拉”，为“月站”之义，即月亮每晚休息或停留的地方，二者含义大致相同。

2. 二十八宿起源于何时何地?

有人问：二十八宿是沿黄道还是沿赤道分布的?这个问题不好回答。古代文献也没有这样的记载。从二十八宿在天球上的具体分布来看，其所处黄、赤道位置也大致相当，故是沿黄道分布还是沿赤道分布各家说法不一。但是，就其形成的原理而言，当是黄道分布的。而印度二十八宿只有黄通度的推算方法，就更明确地属于黄道分布了。

相传世界四大文明古国都有二十八宿。有人根据天文学起源的早晚，曾断言二十八宿起源于古巴比伦，可具体查找古巴比伦文献，却找不到有关二十八宿起源的丝毫痕迹。埃及显然有二十八宿的文献记载，且早不过公元前2世纪，以后埃及的二十八宿，并未得到充分的应用和发展。因此，二十八宿起源争议的焦点，当集中于中国和印度两地。

《鹧鸪氏梵书》是印度较早的文献，书中记载了印度的二十七宿，其中以昴宿为第一宿。若以昴宿作为春分点，据岁差原理可以推得春分点在昴宿的时代为公元前2500年。于是有人便断言，印度的二十八宿起源、形成于公元前2500年以前。从而证明印度的二十八宿比任何国家都早。

事实证明，这种论证方法是很不严谨的。冯时在《中国天文考古学》中曾经证明，比其更早的文献《梨俱吠陀》所载二十八宿，则是以角宿为第一宿的，就这点而言，与中国二十八宿一致。

其实，据印度历史记载，将昴宿作为二十七宿中的第一宿，只是源于古印度人于昴星初见东方之日祭献的习俗，是确定原始历法中春分为新年的纪念日，并不能与二十七宿起源的时代混为一谈。事实证明，直到公元1世纪以前，印度仍在使用《吠陀支节录·天文篇》中以五年为置闰调谐周期的粗疏历法，尚未出现以二十八宿来推算月亮行程的方法。

因此，冯时在《中国天文考古学》中指出，新城新藏《东洋天文学史》中二十八宿起源于中国的结论仍然不可动摇。印度二十八宿相当于中国二十八宿的起源状态；二十八宿的发源地有织女、牵牛故事的传说；二十八宿传入印度之前有停顿于北纬 43° 的行迹；二十八宿发源地当有以北斗为观测标准的星象。更为重要的是，印度历法，一年为六季，但纳沙特拉却将二十八宿分为四宫，因此，印度的二十八宿体系有明确显示出源于中国的特征。二十八宿起源于中国毫无疑义。

本书将用翔实的史料加以说明，二十八宿自殷周时代开始，便一步一步地由初始状态逐步向成熟过渡的完整过程，无论是印度还是其他文明古国，都找不到这个过程。西周文献中就有二十八星的观念和粗略的划分方法，也开始见有二十八宿的个别星名。这些星名，都是与二十八宿有关的，没有二十八宿，就不可能产生这些星名。公元前 330 年，曾侯乙墓箱盖出现了完整的二十八宿星名，由此证实二十八宿必定形成于公元前 4 世纪之前。而古度和今度划分资料的发现表明，中国的二十八宿最迟成熟于春秋战国之交。这种二十八宿系统的发展脉络，只有在中国古代文献中才能找到。

3. 二十八宿有何用处？

前已述及，人们发明二十八宿，其直接的目的就是为了观测任何一天的月亮在恒星间的位置。仔细观测后发现，月亮的运行并不总是出现在同一星座的同一方向，而是可能有时在前，有时在后，有时在左，有时在右，有时较近，有时较远。这些现象表明，月亮运行的白道与太阳运行的黄道并不只是固定于一点的简单地斜交，它的交点是不停地变化着的。因此，月亮总是出现在黄道南北约 5° 的范围之内。

人们通过二十八宿对月亮运行仔细观测后发现，月亮不仅有圆缺的变化，而且有运动速度快慢的变化和黄白交点位置的变化等。

日食和月食，都是与月亮有关的特殊天象。通过利用二十八宿对它们的观测，人们对日食、月食的认识水平提高了，终于发现，当朔、望时只有当月亮距黄道南北 1.6 度的范围之内才可能产生日、月食，由此发明了推算、预报交食的方法。

不但月亮和太阳在黄道附近运动，人们发现五大行星也都沿着黄道附近运动，永远也越不出南北七度的范围，因此，人们终于明白，设立二十八宿，不仅对观测月亮有利，对太阳和五星运动的观测同样也是有利的。利用二十八宿作为天球框架，对于出现在星空中任何方位的异常天象，如彗星、流星、客星等，也包括普通星座的位置在内，都可以具体、精确地表示出来。只需设立“入宿度”和“去极度”两个方向的度量尺度，一种特殊的二十八宿度量系统便形成了。这是一种特殊的坐标系统，是中国古代天文学家的发明，在中国这块土地上一直沿用了两千余年。

由此可见，中国的二十八宿与普通的星座不同，它充当着星座和坐标系的双重角色。星宿与星座显然不同，星座数量众多，而星宿只有二十八个。

4. 如何观看寻找二十八宿？

二十八宿星名较为复杂难记，由于它十分重要，关注天文的人都专门将其记载下来以便随时查对。随县曾侯乙墓将二十八宿星名记载在箱盖之上就是一例。二十八宿星数和星象就更为复杂，不是在这前言中用短短几句话就能让大家牢记的。这里介绍它的目的，只是让大家了解它们分布的主要方位，以便随时观测和寻找，同时也促使大家记住若干具有代表性的二十八宿星名，使大家对二十八宿逐渐熟悉起来，以便达到逐步深入、循序渐进的目的。

东方七宿可以分为三组，角亢为一组，氐房心为二组，尾箕为三组，大致分别于现今农历六月、七月、八月的初昏看到它们中天。东方七宿确实像一条自东南向西北游动着的龙，龙的颜色，则对应于五行中东方木青色。由此不难理解，其宿名角即龙角，亢即颈颃，氐即龙的基础或四肢，房即龙的腹房，心为龙心，尾为龙尾。

角宿二星上下排列，象征龙的两只角。角宿一为1等大星，角宿二为3等星，均较明亮。在角宿一的上方，更有0等大星——大角星。从其星名即可推知，原本是大角星和角宿一为龙的两只角，由于大角星远离黄道，后人才以角宿二代替大角星，与角宿一联合作为龙的两只角。农谚有“二月二龙抬头”，这个龙头就是指角宿。心宿三星位于东方七宿的中间，其中心宿二亦为1等大星，远古时称为大火星，是专门用以定季节的星座，由此天文官称为火正。尾宿九星亦很明亮，显然没有1等大星，但却有5颗2等大星，其最后翘起的尾尖，即六、七、八、九4颗星，正好横跨银河的西岸，民间称之为水车星，意为架在银河边上的水车。其中房、心、尾三宿，正好对应于西方的天蝎座。

最后一宿箕宿，已不属于苍龙星象的范围，就字面的含义也可看出来，汉以后的星象学家将其释为簸箕，位于银河的东岸。正是由于这一设想，在银河的对面又有一颗糠星，以象征簸扬出来的谷糠已飞到银河的对岸。

北方七宿可分为斗牛、女虚危、室壁三组，它们分别是现今九月、十月、十一月的昏中星。斗宿、牛宿均为6颗星，均不很明亮，但由于它们在历史上均曾作过历法推算的起首星，是历元所在，而受到重视。《诗·小雅·大东》曰："维南有箕，不可以簸扬；维北有斗，不可以挹（yì）酒浆"，就是指这两个星座。

虚宿二星和危宿三星，介于北方七宿的中间。西安交大东汉墓二十八宿星图，将二宿连成五边形，中间画一条小蛇，以象征北方龟蛇之象。《月令》"孟冬之月，日在尾，昏危中"有"其帝颛顼"之文，夏民族属北方民族，以颛顼为自己的远祖，以龟蛇为图腾，相互之间是对应的，可见此处虚宿之"虚"，当为颛顼之"顼"的借词。北方七宿的主星虽不以龟蛇之象作为星宿之名，但以传说中的北方古帝颛顼来代替，其含义也相同。

营室大方块，即营室二星与东壁二星组成的四颗星，形成一个巨大的正方形。它是北方七宿中最为明亮的星宿，除壁宿一略暗于2等星外，其余3颗均为2等星，在冬季昏暗的夜空中十分显著。故《诗·鄘风·定之方中》曰:“定之方中，作于楚宫。”意思是说，到了初昏见营室大方块中天的时节，即农历十月，为王室构筑宫室的时节也就到了。定星即营室。

西方七宿可以分为奎娄、胃昴毕、觜参三组，它们分别是现今农历十二月、正月、二月的昏中星。奎宿、娄宿、胃宿均较暗弱，只有奎宿九为2等大星。在这三宿中，只有奎宿较有特点，它两头大、中间小，似鞋底状，它不仅是二十八宿中处于最北的一宿，也是星数最多的两个星宿之一，计有16颗之多（最多的翼宿为22颗星）。

昴宿和毕宿各具特点，均为星团，同属金牛座。昴宿七星虽然暗弱，但由于其聚集于一个直径为2度的范围内而为人们关注。它似一团毛发互相缠绕在一起，故又写作旄或茅。西方则称之为七姐妹。毕宿八星，虽然也是一组星团，但其形状似一把两齿瓜叉，又如一把捕兔的网。在瓜叉左齿尖上的星名毕宿五，是1等大星，也是著名的红巨星。它虽然位于星团范围之内，却不属星团的成员。它距地球比毕星团要近得多，只是视觉上位于同一方位而已。

西方七宿的最后两宿觜、参，组成了白虎的形象。觜三星为虎头，参宿上下四星为虎的左右肩股。它对应于古希腊的猎户星座。参宿七星不仅是西方七宿中最亮的星宿，也是全天最著名的星座之一。其中参宿四和参宿七均为 1 等大星，其余 5 颗也均为 2 等大星。

南方七宿分为井鬼、柳星张、翼轸三组，它们分别对应于现今农历的三月、四月、五月的昏中星。南方七宿是二十八宿四个天区中星象最为暗弱的一个天区，在这七宿中，总共只有井宿三和星宿一为 2 等星，其余均为 3 等以下小星。

按照汉以后星象学家的解释，朱雀是南方七宿的主体星象。它是一只尾在东南头向西北飞翔的大鸟：鬼宿为鸟的头眼，柳宿为鸟嘴，星宿为鸟的脖颈，张宿为鸟的嗉子即胃，翼宿为鸟的翅膀和尾巴。从形象来看，它确实像一只自东南向西北飞翔的大鸟，只是尾巴稍短一些。

井宿又称东井，为东面水井之义，这是因为在其西南方，尚有玉井和军井。井宿八星自西北向东南倾斜，其形状似井。井宿位于南北河戍的北面，对应于希腊双子星座的四只脚。

南方七宿的最后一宿为轸宿四星，均为 3 等星。按照星象学家的观点，轸宿四星为马车底座上的四根木架，它是用于作战的战车。

目录

第一章　中国二十八宿文献考古资料汇总　/ 1
1. 三代文献中的二十八宿星名　/ 3
2.《周礼》二十八星含义解析　/ 12
3.《吕氏春秋》中完整的二十八宿星名的出现　/ 15
4. 随县曾侯乙墓箱盖二十八宿图的意义和价值　/ 19
5. 石氏、甘氏二十八宿星名的差异　/ 23
6. 二十八宿的星数、星象和星图　/ 28
7. 敦煌卷子对二十八宿星图画法的革新　/ 38
8.《开元占经》对二十八宿文献资料的汇编　/ 41

第二章　中国二十八宿星名含义和星象综述　/ 47
1. 中国星座命名的两大原则　/ 49
2. 东方七宿的含义和星象　/ 54
3. 北方七宿的含义和星象　/ 58
4. 西方七宿的含义和星象　/ 64

5. 南方七宿的含义和星象 / 68

第三章　二十八宿探源 / 77

1. 中国二十八宿源于四象，四象源于图腾 / 79

2. 印度二十八宿记载较晚且不成体系 / 82

3. 中国二十八宿传入西方的时间和途径 / 88

第四章　二十八宿的功能 / 93

1. 天体的度量系统 / 95

2. 距星的建立和变迁 / 102

3. 古度和今度之谜 / 107

4.《步天歌》对二十八宿性能的改造和发展 / 112

5. 我所理解的“分野” / 114

附：二十八宿分野古今 / 116

第五章　几个著名的二十八宿星占故事 / 119

1. 分野观念指引下地区和民族的吉凶观念 / 121

2. 彗星犯大辰

——子产拒绝用玉禳灾的故事 / 128

3. 荧惑守心

——朱元璋下罪己诏改革政治 / 133

4. 荧惑入南斗

——梁武帝赤脚下殿消灾的故事 / 139

5. 斗牛见紫气

——雷焕丰城掘剑而得官 / 142

6. 岁镇守斗牛，彗星见东井

——苻坚不纳众议导致淝水之战败亡的悲剧 / 147

7. 日食在营室

——吕后预言日食示警于己之谜 / 152

8. 岁在实沈

——董因预言重耳成功的天象依据 / 156

9. 太白昼见秦分

——傅奕关于李世民当有天下的预言 / 160

10. 五星聚东井

——汉革秦政天象的预言 / 164

第一章 中国二十八宿文献考古资料汇总

1. 三代文献中的二十八宿星名

这里所说的三代，是指三皇五帝以后的夏、商、周三代，为刚刚出现文字到文献日趋完备的过渡时期。

直至现在，仍然有研究二十八宿起源的中国学者，与西方学者犯相同的错误，为了论证二十八宿起源之早，只要见到文献、文物中出现一个二十八宿星名，甚至是星名不同而只要大致方位相同，即认为那时已出现了二十八宿。甚至将濮阳西水坡龙虎蚌塑图推演为苍龙白虎星象之后，进而作为二十八宿起源的依据，即认为 6000 年前，甚至 8000 年前中国已有了二十八宿。这种观念，实无深顾的价值。

事实上，从文献记载来看，三代以前中国人认识的星座还是很少的。前已述及，三代以前，人们利用大火、参星、北斗的出没昏中和观测太阳的出入方位定季节。因此，人们所熟悉的主要是参、商、北斗三个星座。

《尚书·尧典》有如下记载：

> 日中，星鸟，以殷仲春，……日永，星火，以正仲夏，……宵中，星虚，以殷仲秋，……日短星昴，以正仲冬……

这就是所谓帝尧用以确定春分、夏至、秋分、冬至的四仲中星。不幸的是，经竺可桢等人考证，这个四仲中星并不在同一时代，仅冬至昴中大致相当于帝尧时代（公元前3000年），其余三个天象大致相当于周初（公元前1000年）[①]。这证明《尧典》天象是周代人混入周人的观点编写的，不能作为尧时天象的确实凭证。

前人大都以为，此四仲中星，都是中国二十八宿中的四个代表星宿，是二十八宿中的基本骨干。但若细加分析，其实不然。先说鸟星，前人大多释作七星或柳星。这是后人的主观套用，原文并无这个含义。

---

① 竺可桢：《论以岁差定尚书尧典四仲中星之年代》，《科学》第11卷第12期，1926年；又见潘鼐：《尧典四仲中星观测年代的计算》，《中国恒星观测史》，上海：学林出版社，1989年。

实际上，鸟星的概念是含糊的，只是泛指南方朱鸟众星。次说星火即大火星。通常以为大火即心宿，其实二者是不同的，大火星是指心宿二，是一颗1等大星，为三大辰之一。心宿为3颗星，其距星为前第一星。事实上，没有任何文献是将大火作为宿名的。在二十八宿中，大火星虽然明亮，但在二十八宿的实际应用中，显然心宿距星比大火星更为重要。

再说星虚，帝尧时人们是否认识虚宿这个星宿是很值得怀疑的。它是一组比较暗的星，其中虚宿一为3等星，虚宿二为4等星。它在帝尧时代未必引起人们的关注。它很可能是周人作为四象之一的代表星来描述的。

星昴即昴星，它是由7颗星组合在方圆约2度范围内的特殊星体，今人称之为昴星团。它虽然不很明亮，最亮的昴宿六仅为3等星，余为4至6等小星。昴星与昴宿的含义是有区别的，古人以昴作为定季节的标志星，当以昴星中的亮星为代表，位于中央偏东。而昴宿则以昴宿一为距星，俗称西南第一星。可见《尧典》中的星昴也不能作为有二十八宿星名的证据。

关于夏代的星象，我们将涉及一本中国最早的农事历书《夏小正》。该书原收载于《大戴礼记》，后独立成书。据记载，这是孔子为了观夏道、正夏时，而从夏人后裔杞国采访到的这本历书。为了利用星象出没定季节，书中共记载了六个星座：北斗、大火、参、织女、南门、昴。在这六个星座中，除两个特殊星座昴和北斗以外，全是1等以上大星，均为全天最为明亮、著名的星座之一。反过来考虑，如果夏代就使用二十八宿，是不可能不提及的，这也是夏代以前中国不可能有二十八宿的证据之一。

其中北斗、大火和参星，就是三皇五帝时代早已使用的三个定季节的大辰。夏人将其继承下来使用，那是理所当然的，剩下的南门星和织女星就是进入南方星空和北方星空的两个大门。经潘鼐先生等考证，这个南门星座就是后代星表中的南、北河戍星，其中南河三为0等星，是全天第八大星；北河三为1等星，是全天第十六大星。二十八宿中的井宿八星，在南、北河戍星之间，其中井宿三虽然也为2等大星，但终究没有南、北河戍星明亮。从《夏小正》仍用南、北河戍星，而不用井宿定季节可知，夏代仍用黄道带的大星作为季节星象，这是二十八宿尚未形成的标志。

织女星为全天第三大星，北半球第一大星。由于其纬度偏北且远离黄道，后世均不以织女星作为季节星象，更与二十八宿无关。《夏小正》将织女星选作六个定季节的星象之一，说明它的古老和质朴。二十八宿中的牛宿和女宿，可能是从织女、牛郎星名移植过来的，可见织女星、牛郎星在中国星座中的重要地位。

与织女星隔河相望的牛郎星，为 1 等大星。前已述及大火星不同于心宿。从《夏小正》不用二十八宿星名定季节可见夏代尚未出现二十八宿。

相传商人为阏（è）伯、相土的后商，阏伯、相土曾在商丘为火正。火正是专门观测大火星用于定季节的天文官。故商人以大火星作为自己的族星。载在《左传》《国语》中的高辛氏二子的故事，就是记载这一历史遗迹的。相传商人以火纪时，唐人以参纪时，故大火星、参星分别为商人、唐人的族星（见图 1-1）。

图 1-1　商丘的火星台

（台上有阏伯庙，台下有火星村，此当为春秋时宋国流传下来纪念先祖火正阏伯的地方。）

可惜商人的天文典籍没有流传下来，故我们至今知道的商人星座仍然很少。殷墟甲骨卜辞虽然可以弥补这一缺憾，但可知的仍然只有大火星、商星和鸟星、参星等。商星可能就是商人传统的观测星象的大火星，参星则是唐人的传统观测星象。鸟星是商人因以鸟为图腾而重新发展起来的星座，故甲骨文中多有鸟星的记载。鸟星就是四象中的朱雀星座，对应于二十八宿中的南方七宿。它以朱鸟的身躯作为星象的代表。

周人的文物制度，主要反映在西周的社会制度和礼制上。犬戎攻破西周都城镐京，文书档案付之一炬。平王东迁，下降为中等大小的国家，已经不能再代表周代文明。反映西周的文物制度，有两本古籍值得注意，其一是《周礼》，全书以官制为纲，全面勾画出周代各项典章制度，并进行全面阐发。其中所载二十八星，正式反映出周人已经创立了二十八宿的星官体系。有关《周礼》二十八星，我们将在下一节作出专门的介绍。

在《周礼》的二十八星的记载中，并没有具体宿名的记载，西周时有无具体宿名，便成为探讨的一个课题。

相传孔子删诗三百篇，这便是我们现今所能见到的《诗经》305 篇。这些诗歌作于周初至春秋中期（前 1046～前 541 年）。诗中记载有从十五国采访的民歌和记载周人祖先业绩的内容，诗中也有涉及民间熟悉的星座。

经统计，《诗经》中共出现九个二十八宿星名，分别为大火、参、昴、定、织女、牵牛、箕、斗、毕。今分别介绍于下：

《七月》曰："七月流火，九月授衣。"这是一首著名的物候诗，火就是指大火星。它是说，七月黄昏时的大火星，快得像流星似的向西方落下去，九月则向在远戍边的良人送去过冬的寒衣，这里的大火星就是指心宿，理由是其余八个星座都与二十八宿星名有关，故大火也就是心宿了。这里使用大火，仅是借用传统星名。

《小星》曰："嘒彼小星，维参与昴。"又《绸缪》曰：

> 绸缪束薪，三星在天。……
> 绸缪束刍，三星在隅。……
> 绸缪束楚，三星在户。……

昴星在前面已经介绍过了，但这里的昴星与其他二十八宿星名相配时，就当理解为昴宿，为二十八宿星名之一。

《毛传》指出，绸缪即男女婚恋时缠绵的状态，束薪、束刍、束楚，为男子娶妻成室时的三种礼仪形式。

“三星”即参宿三星，实指参宿的中腰三颗星。按“参”字的本义就是“三”字。“在天”即农历十月初昏时的三星初见东方。“在隅”指农历十一、十二月初昏时三星位于东南方。“在户”指农历正月初昏时三星位于正南方。“在户”的本义即正对着大门。一般人家的大门，都是向南开的，故有在户之说。

《大东》曰:“有捄天毕，载施之行。”又《渐渐之石》曰：“月离于毕，俾滂沱矣。”前者是说，有长把捕兔之毕网在运行。后者是说，新月时月亮运行到毕宿就要下大雨。毕宿与昴宿相邻，《诗经》中将参、昴、毕并提，均表明二十八宿星名已经出现（见图 1-2）。

图 1-2　西安交大汉墓星图中的毕网捕兔图

（在二十八宿星图毕宿的方位画一人，前有七星相连，星前有一兔在逃，人后有一动物似鹰，当为毕网捕兔的形象写照。兔的头部和人的身后有残破。）

《定之方中》曰：

定之方中，作于楚宫。
揆之以日，作于楚室。

诗中楚宫、楚室是一个含义，言在楚宫劳作的季节，正逢定星昏中之时；也大致是日中影最长的季节冬至。定星就是营室，这是早就做过介绍的二十八宿之一。

又《大东》曰：

跂彼织女，终日七襄。
虽则七襄，不成报章。
睆彼牵牛，不以服箱。

维南有箕，不可以簸扬。
维北有斗，不可以挹酒浆。
维南有箕，载翕其舌。
维北有斗，西柄之揭。

在同一首诗中，接连使用了四个星宿加以反复歌唱，而且其中箕宿、斗宿、织女、牵牛是二十八宿中四个连在一起的星宿，足见早在西周时代二十八宿星名就已为诗人掌握并加以歌咏。同时也可证明，在二十八宿形成的早期是以织女和牵牛作为二十八宿星名的，以后才调整为更接近黄道的牛宿和女宿。

从这首诗中同时还可以看出，诗人对箕宿和斗宿的方位和形状是那么熟悉，描绘得那么形象。而在此之前，箕星和南斗星均未出现过，这两个星宿并不很明亮，仅箕宿三和斗宿四为 2 等星，其余均为 3、4 等小星。诗人着力反复加以歌咏这两个星宿，足见这两个星宿的重要地位。而只有当二十八宿成立之后，箕宿和斗宿才能获得这样重要的地位。由此可证，早在西周时代二十八宿即已成立，并且已在民众中得到普及，它的起源，可能比西周更早。

2.《周礼》二十八星含义解析

我们认为，中国二十八宿最早的文献记载，当推《周礼》二十八星。

查《周礼》记载二十八星共有以下三处：

《春官》:“冯相氏掌十有二岁、十有二月、十有二辰、十日、二十有八星之位。”

《秋官》:硩蔟氏掌“二十有八星之号”。

《考工记》:“盖弓二十有八，以象星也。龙旂九斿（liú），以象大火也；鸟旟七斿，以象鹑火也；熊旗六斿，以象伐也；龟蛇四斿，以象营室也；弧旌枉矢，以象弧也。”

《考工记》这段记载十分难读，前人的注译也不够详细准确，今译述如下：

车盖上的弓有二十八条，它象征二十八宿。东方的龙旗有九条飘带，它们象征大火星；南方的鸟旗有七条飘带，它们象征鹑火星；西方的熊旗有六条飘带，它们象征伐星；北方的龟蛇旗有四条飘带，它们象征营室星；中央的弧旌旗有一条飘带，它们象征弧矢星。

需稍加说明的是，车盖由一根立木支撑着，通过它向四周辐射出二十八根弓条，以支撑车盖。在车盖的四周，又有五方旗二十七条飘带护卫着：东方的龙旗下挂着九条飘带，以象征东方苍龙的大火星；南方的鸟旗下挂着七条飘带，以象征南方朱雀的鹑火星；西方的熊虎旗下挂着六条飘带，以象征西方白虎的伐星；北方的龟蛇下挂着四条飘带，以象征北方玄武即营室。中方的弧旌旗下，挂着枉矢飘带。文中只述枉矢，不述飘带条数。但是,《开元占经》引《鸿（洪）范五行传》曰:“枉矢者，弓弩之象也。”巫咸曰:“枉矢类大流星。”流星过处，留下一条火带，故为一条飘带。弓弩所带的箭也只有一支。综合起来五方飘带之数为二十七条，正好与二十八宿相对应。故曰中国早期的二十八宿，有时也用二十七宿。

据以上所引，《周礼》有三处记载了二十八星之名，而不载二十八宿或二十八舍之名，可见二者是有差别的，其中“二十八星之号”表明这二十八星是各有名称的，而“二十八星之位”则表明当时的二十八星又是各有其固定方位的。由此看来，中国早期的二十八星很可能有名、有位而无星数。所谓有位，即是从起首星角宿起，28 或 27 等分赤道或黄道度。从这个意义上说，它与印度二十八宿的分法是一致的。

《周礼》是儒家经典之一，相传为“周公制礼”之作，实出于战国以后学者之手。相传汉景帝时，河间献王刘德，搜集先秦旧籍，获得本书，分天地春夏秋冬六官，时缺冬官，以《考工记》补之而成书。郑玄作注，遂成儒家经典，且跃居《三礼》首位。

《四库全书总目提要》认为 :“《周礼》作于周初，……（后世）因其旧章，稍为改易。而改易之人，不皆周公也，于是以后世之法窜入之，其书遂杂。”“《周礼》一书，不尽原文，而非出依托。”但今人的研究结果认为 :“《周礼》不可能是西周官制实录，但在一定程度上保留和反映了西周官制。”关于《考工记》，郭沫若推断为“春秋末年齐国的官书”（见《十批判书》）。还有人主张战国初期齐国文儒编纂。观点出入也不大。

既然《周礼》是据周代传下的旧籍改写编撰成书，《考工记》又是春秋战国时齐国的官书，那么，书中所载西周时已有二十八星之名、之位，其可信度是很大的。这一结论也与随县出土战国初年曾侯乙墓箱盖二十八宿星名相协调和印证。

3.《吕氏春秋》中完整的二十八宿星名的出现

《吕氏春秋》中有多处记载二十八宿的资料，其中《圜道》曰："月躔二十八宿，轸与角属，圜道也。"这是古代文献中第一次记述二十八宿之名，并指出二十八宿是圜道，是月亮运行的轨道，其起于角而终于轸，又回到角。

其《有始览》曰："何谓九野？中央曰钧天，其星角、亢、氐；东方曰苍天，其星房、心、尾；东北曰变天，其星箕、斗、牵牛；北方曰玄天，其星婺女、虚、危、营室；西北曰幽天，其星东壁、奎、娄；西方曰颢天，其星胃、昴、毕；西南曰朱天，其星觜巂、参、东井；南方曰炎天，其星舆鬼、柳、七星；东南曰阳天，其星张、翼、轸。"

从以上引文可以看出，其中所有二十八宿星名已与后世完全一致。每一个新生事物的产生和发展阶段都有一个共同规律，在它们产生形成的初始阶段，都是充满变数的，现今所看到的星名已经完全一致，可见它已经经过了一段漫长的发展阶段。以下所要介绍的文献和出土文物，正好也都说明了这一点。

由淮南王刘安编撰的《淮南子》（大约成书于汉武帝元朔年间，公元前128～前123年），其中《天文训》也一字不差地载有“九野”的内容。由于早有四象、十二星次的分法与其相对应，九野之说自此无闻。所谓九野，是指黄道带以二十八宿划分的九个方位。以后由九野简化成四方。

其《十二月纪》同样也记载有二十八宿昏旦中星和月所在，现引载如下：

《孟春纪》：孟春之月，日在营室，昏参中，旦尾中。

《仲春纪》：仲春之月，日在奎，昏弧中，旦建星中。

《季春纪》：季春之月，日在胃，昏七星中，旦牵牛中。

《孟夏纪》：孟夏之月，日在毕，昏翼中，旦婺女中。

《仲夏纪》：仲夏之月，日在东井，昏亢中，旦危中。

《季夏纪》：季夏之月，日在柳，昏心中，旦奎中。

《孟秋纪》：孟秋之月，日在翼，昏斗中，旦毕中。

《仲秋纪》：仲秋之月，日在角，昏牵牛中，旦觜巂中。

《季秋纪》：季秋之月，日在房，昏虚中，旦柳中。

《孟冬纪》：孟冬之月，日在尾，昏危中，旦七星中。

《仲冬纪》：仲冬之月，日在斗，昏东壁中，旦轸中。

《季冬纪》：季冬之月，日在婺女，昏娄中，旦氐中。

人们早已研究发现，《十二月纪》所载二十八宿与《有始览》有两点不同，其一是二者虽然绝大多数宿名相同，但仍有建星、弧星不同；其二是前者宿名不全，尚缺箕、昴、张三宿。考其原因，此处只载观测到的十二月昏旦中星和日所在宿，并不要求全部二十八宿都出现。至于宿名的差异，这二者可能出自春秋战国时的不同地区、不同学派。前者所反映的状态，也可能更为原始。

我们在《周礼》二十八星中曾经论及它可能是二十八宿形成的原始形态，有名而无象，其分割尚处于等分状态。《淮南子·天文训》在描述岁星在二十八宿中的行度时说："太阴在四仲，则岁星行三宿；太阴在四钩，则岁星行二宿。"此处分明是将二十八宿等分才能办到的证据。但是，自从二十八宿有了星象和距星之后就不等分了。既然《十二月纪》有了十二月日所在宿，我们便可以检验它是否有了差异，今列表比较如下（见表1-1）：

表1-1 《十二月纪》日所在宿差比较表

十二月序	1	2	3	4	5	6	7	8	9	10	11	12
日在宿名	室	奎	胃	毕	东井	柳	翼	角	房	尾	斗	婺女
日在宿差	3	2	2	2	3	2	3	2	3	2	2	2

表中所得各月日行宿差是不均匀的。举例说，毕16度加觜2度再加参9度为27度，才接近一个月日行30度，故四月至五月日行宿差为3；井宿33度加鬼宿4度为37度，已超出一个月日行30度，故五月至六月日行差为2，如此等等。由此可见，《吕氏春秋》所载二十八宿已经有了星象和距星。

《十二月纪》对后世的影响很大，先后在《礼记·月令》和《逸周书·周月解》中被引用。近人据岁差原理对《月令》的观测年代加以研究，得出大约观测于春秋中期，即公元前6世纪的结论。这也许是一个可以接受的结论。那么，至迟在春秋中期，不仅有了二十八宿全部星名，而且有了星分度和距星。

《吕氏春秋》是先秦时期吕不韦组织门客编写的一部重要的杂家著作，成书年代可以确定。其《序意》篇曰："维秦八年，岁在涒滩，秋甲子朔。朔之日，良人请问十二月纪。"这个良人就是文信侯吕不韦。这个维秦八年就是秦王嬴政在位的第八年，即公元前239年。这就是说，《吕氏春秋》成书于公元前239年前后，这是文献中二十八宿全部星名同时出现的最迟年代。

4. 曾侯乙墓箱盖二十八宿图的意义和价值

1977年，湖北随州市西郊擂鼓墩发掘出土一座战国早期的曾侯乙墓，出土许多文物，其中有一个大漆箱。在黑漆为底色的箱盖上，用朱笔绘有左青龙、右白虎的形象，中间用篆体，写了一个很大的"斗"字，在斗字的四周，用篆文书写了二十八宿的宿名。

图 1-3　曾侯乙墓箱盖二十八宿图

其中东方七宿对应于苍龙图像，西方七宿对应于白虎图像（见图 1-3）。

今据箱盖二十八宿所附释名引述如下：

角、埅、氐、方、心、尾、箕、斗、牵牛、婺女、虚、危、西萦、东萦、圭、娄女、胃、矛、绊、此佳、参、东井、舆鬼、酉、七星、张、翼、车（见图 1-4）。

春秋战国时各国纷争，战争频繁，文字和物名并不统一，曾侯乙墓箱盖二十八星名正反映出这种状态。箱盖所书二十八个宿名是齐全的，但其中名称不同或有差异的宿名，就达九个之多。今逐次说明如下：与亢对应的为埅字，此字不规范，字典中找不到，因其中含有亢字偏旁，疑即是亢的异写。与房字相对应的为方字，房、方音近，可能就是以方代房。

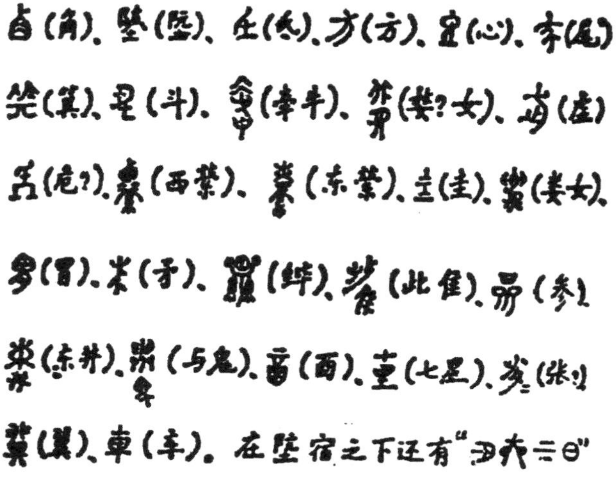

图 1-4　曾侯乙墓箱盖篆文二十八宿释译

与营室、东壁相对应处，写为西萦、东萦，营、萦读音一致，当为以萦代营。由东萦、西萦宿名可知，当时二十七宿与二十八宿并行，且无室宿之名。若用二十八宿记方位时，便将营室大方块一分为二，称为东萦、西萦。

与奎相对应为圭，亦当是同音异写。由此何光岳关于奎宿源于“大圭人”民族的说法，便有了更直接的证据。与娄宿相对应的为娄女。多出一个女字似不可解，但依照我们四象二十八宿源于华夏民族图腾的说法就容易得到解释，娄女就是娄人妇女。娄女当为娄女国的省称。西南地区古代常有妇女执政，称为女国，直到唐宋时仍然流行。

与昴宿相对应为矛字。因昴原本就是借词，今写作矛也无不可。与毕宿相对应为绁字，亦为同音之异写。与觜嶲相对应的为此佳。初看起来二者似乎毫无关系，但细看笔画，第一个字少写了下面的角字，第二个字字头字尾均缺，只写出了中间的佳字，可见这个宿名也源于觜嶲。

与柳宿相对应的为酉字。初看起来二者似乎毫无关系，但从读音上考虑，二字音近，酉当为柳的借词。与轸宿相对应的是车字。二字读音并不相同，但考虑到以上觜嶲写为此佳的情况，车也当为轸字之误。

综合起来看，曾侯乙箱盖二十八宿星名与《吕氏春秋·有始览》所载二十八宿相比，“埅”“莾”“圭”“绁”“酉”为借词和“方”“此佳”“车”缺少笔画以外，几乎没有差异，很可能二者同属一个来源，一个系统。曾侯乙生活于何时？从同时出土的《楚王酓（熊）章镈》可以得到确定。这件镈钟，是楚惠王赠送给曾侯乙的礼物，载有铭文曰：“佳王五十又六祀”，楚惠王五十六年即公元前 433 年。曾侯乙墓的入葬年代即此时或稍后。

曾国是一个小国，这一二十八宿星名出现年代的发现表明，早在战国初年，二十八宿的体系已在中国大地上普遍流行，并出现在边远小国的墓葬里，可见当时二十八宿体系由来已久。同时也证实了以上介绍的四种先秦文献所载二十八宿确实存在，并非后人附会。

5. 石氏、甘氏二十八宿星名的差异

到目前为止，我们尚未接触到中国古代天文界的人物，没有涉及对中国天文发展有重大贡献的天文学家，也未涉及记载历代正史的所谓官方权威名著二十四史。从本节开始，我们就要涉及和引用了。本节所要介绍的石申夫和甘德，是对中国天文学的形成和奠定二十八宿起到关键作用的两个天文学家。

石申夫是先秦时代最著名的天文学家，不但编制了世界上最古老的石氏星表，而且在四分历、岁星纪年、对五星运动的研究、天象观测和中国古代星占理论等方面都有杰出的贡献。他对于中国古代天文学从天文知识的积累和定性研究进入系统的定量的科学探讨起了决定性的作用。因此，在中国天文学发展史上，他作出了划时代的贡献。若将石申夫的成就与古希腊方位天文学的创始人喜帕恰斯相比，那是毫不逊色的。

而且在时代上来说，石申夫要比喜帕恰斯早 200 年。本节所述及的，只是石申夫有关二十八宿的内容。

《史记·天官书》说："昔之传天数者：……周室，史佚、苌弘；于宋，子韦；郑则裨灶；在齐，甘公；楚，唐眜；赵，尹皋；魏，石申。"这就载明了石申夫是魏国人，甘德是齐国人。后世对甘德虽有鲁人、楚人之异说，但加以分析，很可能甘德是生长在鲁地而在齐国做官的人，后由于鲁为楚灭成为楚地，故又称楚人。下面我们将述及甘德与石申夫二者使用不同体系的二十八宿宿名，而曾国是位于楚国腹地的小国，从以上介绍曾侯乙箱盖二十八宿名属石氏系统可以推断楚国也使用石氏二十八宿，这与甘德楚人之说不合。

甘德、石申夫大致是同时代人。在以上《史记·天官书》所介绍的天文学家中应该是比较晚的。但从石申夫所用历法及岁星纪年资料都为周正来判断，他们当处在邹衍倡导五行相胜学说之前。故人们大都认为他们生活于公元前 375～前 350 年之间。

甘德是与石申夫同时代的天文学家，创立了与石申夫不同系统的二十八宿，称之为《甘氏四七法》。载在《隋书·经籍志》《旧唐书·经籍志》《新唐书·艺文志》。很多人对四七法只知其名，不知其义，其实二十八宿分配于四方，每方七宿，故曰四七法。甘、石两个系统的二十八宿长期并行发展，直到西汉时代才逐渐得到统一。我们从《史记》之《天官书》《律书》《历书》和《汉书》之《天文志》《律历志》的不同记载，可以看到它们的发展演化过程。今列表如下（见表 1-2）：

表 1-2 《史记》《汉书》不同系统二十八宿宿名表

序号	《史记·天官书》	《史记·律书》	《汉书·天文志》石氏	《汉书·天文志》甘氏	《汉书·天文志》太初历	三统历
1	角	角	角	角	角	角
2	亢	亢	亢	亢	亢	亢
3	氐	氐	氐	氐	氐	氐
4	房	房	房	房	房	房
5	心	心	心	心	心	心
6	尾	尾	尾	尾	尾	尾
7	箕	箕	箕	箕	箕	箕
8	斗	建星	斗	建星	建星	斗
9	牵牛	牵牛	牵牛	牵牛	牵牛	牛
10	婺女	须女	婺女	婺女	婺女	女
11	虚	虚	虚	虚	虚	虚
12	危	危	危	危	危	危
13	营室	营室	营室	营室	营室	营室
14	东壁	东壁	东壁	东壁	东壁	壁
15	奎	奎	奎	奎	奎	奎
16	娄	娄	娄	娄	娄	娄
17	胃	胃	胃	胃	胃	胃

续表 1-2

序号	《史记·天官书》	《史记·律书》	《汉书·天文志》石氏	《汉书·天文志》甘氏	《汉书·天文志》太初历	三统历
18	昴	留	昴	昴	昴	昴
19	毕	浊	毕	毕	毕	毕
20	觜觿	参	觜觿	参	参	觜
21	参	罚	参	罚	罚	参
22	东井	狼	东井	东井	东井	井
23	舆鬼	弧	舆鬼	弧	舆鬼	鬼
24	柳	注	柳	注	注	柳
25	七星	张	七星	张	张	星
26	张	七星	张	七星	七星	张
27	翼	翼	翼	翼	翼	翼
28	轸	轸	轸	轸	轸	轸

对表中以上各栏，需作解释和分析如下：第 1 列为二十八宿序号；第 2 列为《史记·天官书》星宿名称和岁星纪年所用二十八宿名称。将其与其他各栏对比可知，它与第 4 栏石氏宿名和第 7 栏三统历宿名基本一致。它与石氏二十八宿宿名完全一致，只是与三统历相比，其中牛、女、壁、觜、井、鬼、星七宿，另写作牵牛、婺女、东壁、觜觿、东井、舆鬼、七星。其实这七个星名与三统历并无差别，后世各代也是互相通用的。只是三统历对宿名表示得更简明罢了。其中后世更将营室省称为室宿。

第3列为《史记·律书》所载宿名，与其他各栏对比，则明显地与第5列《汉书·天文志》所载甘氏岁星纪年法所用二十八宿星名一致，与太初历岁星纪年法所用宿名也基本一致。可见第3、第5、第6所使用的是属于甘氏二十八宿星名。与石氏相比较，除大部宿名一致以外，将斗、昴、毕、觜、参、井、鬼、柳、星、张十宿，改名为建星、留、浊、参、罚、狼、弧、注、张、七星。

在传统星图上，建星与斗宿是两个星座，斗宿在西南，建星在东北。甘氏不用觜、参而改用参、罚，这个改动也是不小的，是取消觜，将参宿提前，并在参宿后增加罚星。在白虎星座中，觜为虎头，参为虎身，伐三星为虎尾，伐即罚，相当于希腊星座中猎户的佩剑。

甘氏不用井宿、鬼宿，而改用狼、弧。井、鬼在北，狼、弧在南，井、鬼较暗，只有井宿三为2等星，其余均为3等以下暗星，而天狼星为全天第一亮星，弧星又称弧矢星，也有三颗2等星。可见甘氏二十八宿习用亮星，而石氏则改用靠近黄道的暗星。井宿、鬼宿都在黄道附近，而狼、弧则在远离黄道的南方。

甘氏七星、弧二宿与石氏在宿位上前后发生了对调。这是让人费解的事情。考其周围星座，不可能改换它处，只可能名称发生错位。

对于甘氏将柳宿之名称之为注，《唐开元占经》：“《尔雅·释天》曰：‘咮谓之柳。柳，鹑火也。’一曰注，音相近也。”因此，注为咮的异写。咮为柳的别名，为朱鸟的脖颈。

关于《史记·律书》将昴、毕二宿名写成留、浊的问题，此事有些费解。《尔雅》说：“浊谓之毕。”注曰：“掩兔之毕，或呼为浊，因星形以名。”对于《律书》将昴宿写成留的问题，《史记》索隐曰：“留即昴，《毛传》亦以留为昴。”更详细的关系，我们也说不清楚了。

6. 二十八宿的星数、星象和星图

二十八宿的星数与星象、星图都有连带关系。有了星名，就有星名的含义。据宿名的含义，就会产生宿象，即星宿的形象。有了宿象，就会产生固定的星数，二十八宿星图也就随之产生。其实，有的宿名就是以星数命名的，如七星、参星等。参的含义就是三，后来才根据实际需要，发展演化成七颗或十颗星。这三颗星，在中国远古和上古时代非常重要，是原始人类用于定季节的三大辰之一。其余两大辰是大火星和北斗星（见图 1-5）。

图 1-5　东汉南阳画像石上的虎象星图

（图中显著地画着虎象、左面的参宿三星和下面的伐三星）

所谓参七星，是将三星外围的四颗大星也包括进来。包括进来之后，这个觜、参两宿所组成的星象就更像老虎了。事实上，这七颗都是 2 等以上大星，是上古冬季星空中十分美丽显著的星象（见图 1-6）。

在甘氏系统的二十八宿中，参宿和罚宿是西方七宿中的最后两宿，故在甘氏系统的参宿肯定不包括罚三星。但自从魏晋以后经陈卓统一星名以后，觜、参成为西方七宿中的最后两宿，罚也就成为参宿的附座，这样，参也就成为十星了（见图 1-7）。

正中央刻有一组虎的形象，虎张开血盆大口，拖着一条长长的尾巴，作行走状。在虎头部前方有成直角的三颗星，显然是指被夸大了的觜宿。在虎背的上方刻有一组横向三星，呈直线状，显然是参宿三星。由此可见汉代人对白虎对应星象的理解也是有差别的。

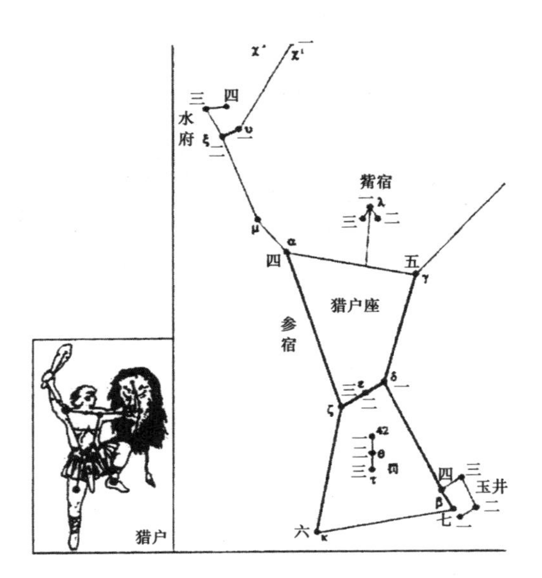

图 1-6　参宿、觜宿、参旗星与猎户座对应图

图 1-7　南阳白滩汉墓画像石——觜参虎象图

又例如人们一见到井宿之名，便立即联想到打水的井。联想到井口的两块横木和通向井底的长长的井壁。东井八颗星的位置分布正好合于这一形象，由此也就成为井宿的星象了。

二十八宿有一个漫长的形成和发展过程，我们现今看到的记录是后人凭自己的理解和想象对星名和星象作出的解释，未必符合创始人的本义。例如东方七宿的最后一宿箕，汉以后的天文学家将箕宿四星理解为天上的簸箕，箕口两星正对着银河，非但如此，在银河的对岸还专门设立了一颗糠星，象征扬出去的谷糠已到了银河的对岸。可见古人的想象力是很丰富的。然而，西汉以前的星名和星数毕竟有限，《天官书》等文献也从未见有糠星之名，分明是东汉以后之人凭自己的想象添加进去的。

在石氏星表中，载有二十八宿各宿星数，现将其引录于下：

角 2	亢 4	氐 4	房 4	心 3	尾 9	箕 4
斗 6	牛 6	女 4	虚 2	危 3	室 2	壁 2
奎 16	娄 3	胃 3	昴 7	毕 8	觜 3	参 10
井 8	鬼 5	柳 8	星 7	张 6	翼 22	轸 4

以上都是正星，在有些宿中还有附星。这些附星

多半是后代星占家根据星占的需要添加进去的。例如，房有钩钤二星，以钩钤远近判断吉凶；危有坟墓四星；营室有离宫六星；毕有附耳一星；东井有钺一星；鬼有积尸一星，主死丧；轸有长沙一星，主寿昌。

有人通过互联网求索二十八宿星图，没有得到回应。其实中国古代的二十八宿星图很多，现介绍几幅具有代表性的星图，以供读者参考。

（1）西安交大西汉墓二十八宿星象图

该墓出土于 1987 年，在其墓顶发现有目前所知的中国年代最早、保存最完好的二十八宿星象图。石氏二十八宿共有 165 颗星，图中除漏画和残缺外，尚存 80 余颗星，并在星旁配绘有人物、动物等形象，由此表现出配画人所理解的宿名含义。同墓出土的还有铜器、陶器等用品：有昭明铜镜、小五铢钱等，经考古学家考定，为西汉中晚期宣帝、平帝（公元前 73～公元 5 年）时的墓葬（见图 1-8）。

此二十八宿星象图用黑白青红四种颜色描绘在以大小两个圆圈（270～220cm）框定的黄道带的范围之内。它分为右东、左西、上南、下北四个天区。二十八宿从东方苍龙七宿开始，顺时针方向运行。见到的是苍龙形象，其两只角、四只脚和尾尖上都有一颗对应星。下面一个星象是，一个妇女踞坐在那里，

图 1-8　西安交通大学西汉墓星象图

（采自《西安交通大学西汉墓壁画》）

有五颗呈簸箕形状的星，箕口正对着外方。它们象征着对应于东方七宿的两个形象。

右下方开始的五颗星明显地呈斗的形状，在第五、第六两颗星之间画有一人，襦服及膝，腰际束带，下肢着裤，足着圆履，正在操持斗柄。在斗星的后面画有三颗星，上下呈一直线，星后画有一人，手牵牛绳，牛头严重残缺，但后半身完整无缺，在牛身又画三颗星，前后相加，正为牛宿六星。牛后四星间，有一人踞坐其间，挡住了最后两星。这便是女宿的形象。女宿以后呈五边形的五颗星，尖角正对着左方，中间围着一条小黑蛇，此正是虚危二宿相连成北方龟蛇的象征。虚危以后成正方形的四星，正是营室东壁的象征，其后五颗星，则是营室的附座离宫。

室壁以后是一片残缺严重的西方天区，直至可以分辨清楚的人捕兔形象。其间可以分辨清楚的大约有九颗星，它们对应于奎、娄、胃、昴四宿，星图中对应于何物，完全分辨不清。人捕兔那组图十分生动，兔竖起两只长长的耳朵，向前急速跳跃奔跑，捕兔人手持捕兔之网在后紧紧追赶。兔与人之间隔着七颗星，当为毕宿。捕兔人之后为一只猫头鹰，许多人弄不明白此处为什么有猫头鹰，殊不知此正是西汉人对觜觿的解释。《说文·角部》云："觜，鸱旧头上角觜也。"这里的鸱就是猫头鹰。《辞源》也说觜是猫头鹰头上的毛角，故猫头鹰前方对应的三颗星为觜宿。猫头鹰后又是三颗星，这三颗星后是一破残的动物，长有长毛和一条粗壮有力的尾巴，可以看出这个动物就是虎。从而这三颗星就是参宿的象征，古人称之为衡石。在虎尾的上方还可看到三颗星，只是其中一颗已经残缺不见，这三颗星当为罚星。

在参宿之后的当为南方七宿，图中首出的是四颗呈方形的星，星后有一前一后两个人，抬着一个长发、白脸、俯身于架上的死人。分明是舆尸一名的形象化图形，舆尸就是舆鬼，即抬着的鬼。舆既是名词，如车舆、舟舆；又是动词，即抬着、扛着。可见这幅图，形象地解释了舆鬼星名的原意。下面画着八颗星，从上下左三面包围着一只长着长尾的鸟，分明是南方朱雀的象征。这个星宿就是柳宿，它位于南方七宿的中央，是朱鸟的代表星。《尔雅》曰："咮谓之柳。柳，鹑火也。"就是指此。在其后鸟尾与苍龙形象之间，又画有八颗星，由黑线连在一起，已较难分辨出属于哪个星宿了。当是张、翼、轸诸星的代表。

总之，这幅目前发现的中国历史上最早的星象图是很重要的，既有系统的二十八宿星座，又有阐发宿名含义的动物形象与其相配，生动形象，是很少见到的名贵珍品。但是这幅图所画二十八宿星数并不全。不全的原因，一是有残缺，二是画得也有缺漏。不仅缺星数，而且缺星座。这可能是工匠配画时较重视星图的宏伟壮丽和神话性质，而较少关注其准确性和科学性所致。

（2）唐代吐鲁番墓二十八宿星图

这是1965年出土于新疆吐鲁番阿斯塔那墓的一幅二十八宿星图。它将二十八宿分配于墓顶的东南西北四面而成四方形。仍然按下北、上南、左西、右东的办法，沿着顺时针方向安排二十八宿。东方对应于苍龙七宿，北方对应于玄武七宿，西方对应于白虎七宿，南方对应于朱雀七宿。与汉代二十八宿星图相比，其科学性就要严谨得多（见图 1-9）。

图 1-9　唐代吐鲁番二十八宿星图

轸宿四星分布于右上角，紧接着是角宿两星。直至右下角的箕宿四星。其中除尾宿九星画为六星外，其余各宿星数均相符合。

北方七宿除斗宿画为七颗星外，其余星数也都相合。斗宿画为七颗星，明显地受到北斗七星的影响。值得注意的是，危宿除三颗正星外，还画出三颗附星，它显然是指坟墓四星，只是少画了一颗。

左边是西方七宿，其中除昴宿为六星，奎宿为十三颗星外，其他各宿星数也都相合。昴宿画为六星可能出自实际所见，奎宿少三颗星则情况不明。

上方对应于南方七宿，只是其中柳宿少了两星而翼宿又多了两星。更为形象的是，鬼宿四星中间，还特意加了一颗积尸气星。

（3）辽天庆六年星象图

1971 年以后，先后在河北宣化辽墓中发现三幅二十八宿星象图，大同小异，这里仅介绍辽天庆六年（1116 年）张世卿墓星图。图的中央为一面铜镜，象征天的中心，其四周绘莲花，其外分列日月五星和北斗，再外就是二十八宿，最外为十二个小圆圈，圈中绘黄道十二宫图像（见图 1-10）。

与以上二十八宿星图相比，其科学性又向前迈进了一步。可以说，各家星数不但与传统星表一致，而且各宿中各恒星的相对分布位置也大都符合《步天歌》的陈述，与后世较准确的星图大体一致。即使以往常将斗宿误画成七颗星，在这幅中也改成了六颗星。奎

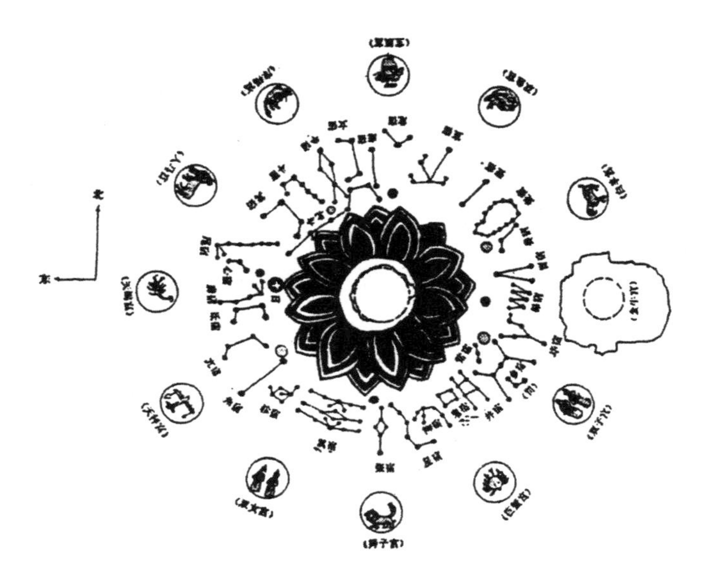

图 1-10　辽天庆六年宣化星象图

宿也已画成破鞋底状，但是，我们还仍然发现了一个错误，毕八星画成了七星。

7. 敦煌卷子对二十八宿星图画法的革新

以上所述星图都是二十八宿，尚未涉及其他星座。这些星图的画法都属于盖图，它的画法似乎建立在盖天说的基础之上。它将全天可见的恒星总绘于一幅图上，以天球北极为中心，有三个同心圆，内圈称上规或内规，表示恒显圈；中圈称中规，为赤道；外圈称下规或外规，为恒隐圈的边界。这种星图的缺点是赤道以南、近南方地平的星座画得很大，形象失真；距北极越远的星座失真度越大，以致于原本南北同样大小的星座在图上的差距可以很大。

20 世纪初于甘肃敦煌鸣沙山莫高窟内发现了两卷星图，其中一卷被英国斯坦因从窟内王道士那里骗去，现藏英国伦敦不列颠图书馆，编号为 S 第 3326 号；留下的另一卷为残卷，现藏甘肃省敦煌市文化馆，编号为写经类 58 号。

通常称前者为敦煌星图甲本，后者为乙本。由于后者为传统的盖图画法且残缺，今仅介绍甲本。

甲本是一幅长卷写本，故称卷子。其前半部载云气图 48 幅，今存 25 幅，每幅图下载占文。后半部为星图，共存 13 幅。品相完好，实为存世难得的精品。前 12 幅按十二次绘制，各有文字十二段，最后一幅为紫微垣星图，并附一电神之像。

关于甲本的写作年代，据马世长先生考证，图中的“云气杂占”中论及先帝李世民的“民”字缺最后一笔，而论及“旦”字则没有避睿宗李旦之讳，故甲本应绘于中宗李显在位期间（705～710）[①]。

对于北极附近的紫微垣，甲本则画成一个以北极为中心的圆图，即采取汉代以来的盖图传统画法。对十二月星图的画法，大约是依据自南北朝以后才出现的新方法。在《隋书·经籍志》中，载有“《天文横图》一卷，高文洪撰”。研究者大都认为，这是星图新画法出现的证明，它将赤道画成直角坐标中的横轴，以去极度为纵轴画出星图。从总体看，是长方形的，这便是横图名称的由来[②]。

由此可见，敦煌星图甲本是集横图和圆图两种画法于一身的星图。用横图法可以保证赤道附近星座的变形较小，而用圆图法可以保证北极附近星座的变形较小。所以，敦煌星图甲本的作者采用的是兼取横图和圆图二法长处的画法，这是一项具有创造性的工作。

这种星图的绘制方法类似于圆柱投影法，它虽然没有画出坐标圈、轴、线，但实际已经具备了投影的观念。而世界上圆柱投影法是比利时麦卡托（1512～1594）发明的[③]，可见它具有重要的科学价值。

---

① 马世长：《敦煌星图的年代》，《中国古代天文文物论集》，北京：文物出版社，1989年。

② 席泽宗：《敦煌星图》，《文物》1966年第3期。

③ 李约瑟：《中国科学技术史·天学卷》，北京：科学出版社，1975年。

甲本星图中的恒星使用三种不同的颜色来表示，圆圈表示石氏星官，黑点表示甘氏星官，黄色表示巫咸星官。尽管星图上三家星官的分类偶有出入，但大体上是一致的。可见它是综合三家星表在星图上的第一次出现。

由于各家所见星图清晰程度不同，统计全天星数互有出入，甲本大致是278官，1332颗星左右。它的另一创新之处在于除北天极以外，依二十八宿距度为赤经线，将全天恒星分为二十八个天区，各个恒星都分别归属于对应的天区范围之内，开创了中国星图新的传统画法。由此可见，它是中国、也是世界上现存的年代最早、星数最多的写实星图，又是用圆图和横图相结合的先进方法绘制的星图。由此决定了它在中国乃至世界星图史上的崇高地位。

8.《开元占经》对二十八宿文献资料的汇编

从汉代开始，中国论述二十八宿的文献多得不可胜数。随着时代的变迁，古代的绝大多数文献都已散失。其中对两汉时期的二十八宿文献而言尤其重要，它们是研究二十八宿起源及其演变不可或缺的资料，可惜现今能够见到的已经不多了。有幸的是，这些文献虽然绝大多数已经散失，但在某些古籍中仍然可以见到将其归纳、引用的片言只语，《开元占经》就是这方面的代表。现将其综述如下。

《开元占经》共 120 卷，唐瞿昙悉达等撰，成书于开元六年至十六年（718～728），开元是唐玄宗的一个年号，故曰《开元占经》。已故薄树人先生在给《开元占经》再版撰写的序言中说："这是一部中国文化史上的奇书。书的内容奇，书的作者奇，书的命运也奇。"①

说书的内容奇，主要是因为这部书本身的重要。其中尽管绝大多数讲的是星占，然学者经仔细研究后发现，其中集录了大量现已失传了的古代文化科学资料。从这些资料中，人们业已挖掘出了一件又一件绚丽灿烂的瑰宝。如果没有《开元占经》，前辈哲人们所艰苦创造出来的这些瑰宝也许将永远不会为今人所知。只此一端就可肯定，《开元占经》在中国，乃至在世界科学文化史上的地位是不容抹杀的。

说书的作者奇，因这是一本纯粹记述中国传统文化的书，可是其主编却是一位印度裔的天文学家。瞿昙悉达其先祖由印度迁居中国。1977 年，人们在陕西长安县（今西安市长安区）发掘出其子瞿昙撰墓志铭，得知其家族的一些情况，其移居中国的第一代，

---

① 见《开元占经》，中国书店 1989 年影印版。

乃是瞿昙悉达祖父瞿昙逸，第二代为瞿昙罗，二、三、四代都曾在唐天文机构中任过太史令。瞿昙悉达的儿子瞿昙撰也曾在唐天文机构中当过秋官正，可见其上下四代都是唐天文官。

说书的命运奇，是其成书以后即秘藏府库，严禁外传，至宋元明已失传。直至明万历四十四年（1616年），安徽歙县程明善从古佛腹中发现了其抄本，才得以重新传世。

《开元占经》中保存了大量现已失传的古代文献资料，据初步统计，书中摘录现已失传的天文学和星占学著作共七十七种，纬书共八十二种。有关纬书，明人孙瑴曾从各种古籍中辑录出一部《古微书》，当《开元占经》重新面世后发现仍有很多纬书内容并未辑录，以后清人所辑纬书竟比《古微书》多出好几倍。

本书所关心的仍然是与二十八宿有关的问题。《开元占经》包括天占、地占、日占、月占、五星占、恒星占、异星占、历法等内容，其60至63卷专载二十八宿，是我们迄今为止所见中国古代内容最为集中、篇幅最为巨大的二十八宿文献。它包括上古各家有关二十八宿的各种论述在内，有二十八宿不同学派的不同星名和异名，有古今度的不同记载，有各宿星数、各宿的入宿距度和去极度等。

我们仅对《开元占经》二十八宿中所引古代文献

作出初步统计，计有 46 篇之多，今录载如下：

石氏曰	韩扬曰	《春秋纬》曰
《石氏赞》曰	宋均曰	《诗纬》曰
甘氏曰	郭璞曰	《文曜钩》曰
巫咸曰	齐伯曰	《元命包》曰
《巫咸占》曰	何法盛《悬象说》曰	《河图》曰
郗萌曰	焦延寿曰	《洛书》曰
《黄帝》曰	《彗星占》曰	《论语》曰
《黄帝占》曰	《玄冥》曰	《易纬》曰
《荆州占》曰	《玄冥占》曰	《北官候》曰
《海中占》曰	《二十八宿山经》曰	
《西官候》曰	《左氏传》曰	《百二十占》曰
《南官候》曰	《淮南子》曰	《列宿论》曰
《左助期》曰	《天官书》曰	《洪范传》曰
《孝经内记》曰	太史公曰	《月食占》曰
《孝经章句》曰	《尔雅》曰	《海图》曰
《玉历》曰	《广雅》曰	

对《开元占经》二十八宿所引文献需略作说明如下：甘、石、巫是自战国至秦两汉流传很久的三家学派，各有自己的星表流传于世。从《开元占经》所引甘氏、石氏二十八宿星名也可看出，甘氏与石氏实属

二十八宿发展早期的不同学派，有着不同的宿名和距度。此外，郗萌、《黄帝占》《荆州占》《海中占》等也都是汉代较为著名的论述二十八宿星占的学派，它们各有自己的论著。同一学派的著作也可能不止一本，如石氏与石氏赞，巫咸与《巫咸占》，《黄帝》与《黄帝占》，均有可能是同一学派的两种不同著作。

太史公即司马迁，以著《史记》而著称。他自称太史公，故有此引述。《天官书》是《史记》中专论天文的一篇，故此二者所引均当是指《天官书》，不过若将二者所引与《史记》核对，个别文字仍有出入，可能是撰者做了改动所致。

文中所引韩扬、宋均、郭璞等人名，有的是著名的文献学家和学者，有的是当时的星占家，所引各自有关的论述，有的确有据可查，有的则已散失。《列宿论》当是专论二十八宿的论著，《月食占》可能是利用分野观念论述月食发生时其对应的分野地区所产生的休咎关系，《海中占》和《海图》是专门为航海者编写的星占书。

《玄冥》或《玄冥占》的含义是什么？为什么会起这样的书名或篇名？笔者以为，《礼记·月令》中每季都有一个四方星与一个古帝和一个神相对应，北方玄武七宿对应于帝颛顼和玄冥神，经研究，玄冥即玄武，具体就是指夏民族所崇祀的远祖鲧。因此它较为可能的解释是夏民族所使用的星占书，与殷人之占托名巫咸具有类似的性质。

《彗星占》和《月食占》都是预言当所在二十八宿中某宿发生月食或出现彗星时，对应地区就将发生的灾殃。例如彗星扫东井，建都于关中的王朝就将发生改朝换代；发生月食，就当后妃有殃。

右边十四本大约全是纬书。尽管我们在《纬书集成》中尚未见到《北官候》之类的书名，但是却有《尚书中候》类似的书名。笔者以为，候者，征候也。《北官候》者，以北方七宿为主的星占书也。西官、南官类推。

第二章

中国二十八宿星名含义和星象综述

1. 中国星座命名的两大原则

（1）图腾崇拜和恒星分野的原则

以往人们对于中国星座命名的原则有多种不同的说法，比较典型的有天官说和天上的动物园说。这些说法或失于片面，或没有把握星名的本质和含义。

所谓片面，是指中国星名为天帝命名的官员的说法。这种说法并没有错，但是不全面。且不说北斗、牵牛、婺女不是官员，就是处于星座系统中重要地位的四象二十八宿，也都与官名无关，所以，星官说主要只适用于三垣，即紫微垣、太微垣、天市垣内众星。

所谓没有把握星名的本质和含义，是指星名为天上动物园的说法。确实，在黄道带的四方分别分布具有显要地位的四个巨大星象，即东方苍龙、北方龟蛇、西方白虎、南方朱雀，合称黄道带四象。除此以外，还有狼星、狗星、牛星、马星、猪星、鸡星，还有水生动物鱼、鳖等，各种动物星名众多，真可称为天上的动物园。但如果细加分析研究，中国星座中的绝大多数动物星名实际不是动物，而是远古华夏民族的图腾。这是因为，中国人所认识的星空世界是人类社会在天上的反映，星名是人类社会在天上的缩影，星座的分布象征着人类社会和民族的分布。中国古代文献中有东夷西羌南蛮北狄的记载，又据上古文献，有东夷人以龙为图腾，西羌人以虎为图腾，南蛮人以鸟为图腾，北狄人以龟蛇为图腾的记载，中国星座中的黄道带的四象，就是依据中国四方民族的图腾分布建立起来的，后人将其神化为二十八位星神（见图 2-1）。

因此，所谓东方苍龙，是指分布于中国东部的以龙为图腾的东夷民族。东夷分布极广，先秦的郑、宋、燕，直到东北和朝鲜，都有他们的分布。故郑为龙首、宋为龙身、燕为龙尾。它们分别对应于角、亢、氐、房、心、尾、箕。天文学上称之为恒星分野。古人认为，天上的星座与地上的人类是对应的。角亢受到异常天象的侵犯，郑国人就有灾害发生；当氐、房、心星受到异常天象侵犯时，宋国人就有灾害发生。其余类推，这便是恒星分野的观念。天上与地下是对应的，即所谓天人感应。

图 2-1　明代人想象之中的二十八宿神像

所谓北方龟蛇，是指分布于中国北部的以龟蛇为图腾的夏民族。夏朝灭亡之后，相传匈奴为夏后裔，故后世于北方建立的国家常称为夏国或西夏国。又因为越奉夏祀，故黄道带北方分野斗、牛、女对应于吴越，扬州；虚、危对应于齐，青州；室、壁对应于卫，并州。

所谓西方白虎，是指分布于中国西部的以虎为图腾的西羌民族，东迁的黄帝族姬姓、炎帝族姜姓，留在原地的羌人及南迁的西南夷，均是其后裔。周民族姬姓，分封于鲁的周公旦，分封于晋的叔虞，均其后裔。故黄道带西方分野奎、娄对应于鲁，胃、昴对应于赵，毕、觜、参对应于魏，并有益州分野。

所谓南方朱雀，是指分布于江淮的以鸟为图腾的少昊族和汉水、长江以南的荆蛮族。秦人西迁关中，周人因受到羌人的打击被迫东迁而离开了自己的根据地，定居于三河地区，秦人占有关中发迹，而建立起强大的秦帝国。秦人嬴姓，少昊氏鸟图腾的后裔，故黄道带南方分野井、鬼对应于秦雍；三河本鸟裔分布之地，故柳、七星、张对应于三辅；翼、轸对应于荆楚。

恒星分野是中国星占术在中国流行数千年的依据和理论基础。以上所述黄道带的各个星宿即二十八宿，如果不是与各个相应地区的民族有关，而只是对应于四个动物，那么天上四个动物受到侵犯，就没有理由说对应地区的人类社会有灾了，故只有以相应地区民族的图腾来解释才能圆满。这是我们使用图腾说的主要依据。

（2）天帝统率下的星官体系原则

中国人相信天和地是对应的，地上的皇帝通过百官来治理国家和百姓，还要建立相应的政府机构和军队才能巩固统治。天上也有天帝，他统率天上的百官治理天上的百姓。人类社会如果只有皇帝和官员而没有百姓就不成国家；天上的星空世界亦然。天上的百姓是谁呢？分布在哪里呢？天帝的百姓，就是以四象图腾为代表，分布于黄道带四面八方的二十八宿和四象。

天帝坐镇中央不动，普天之下的百官和人民都在围绕天帝旋转。天帝居住于紫微垣，最高办事机构则在太微垣，而天市垣则是天上官方的贸易市场。所有政府官员和机构大都集中设立在三垣。所以，中国的星座系统可简称为三垣二十八宿。

由于本书主要介绍二十八宿，其他星官的名称这里就不多说了。

2. 东方七宿的含义和星象

角宿：由于此角在苍龙七宿，角宿之名一定是指龙角。角宿有南北两颗星，其北角宿二为 1 等大星，其南角宿一为 3 等星。在角宿二的上方有全天第四大星大角星，大角之名当亦与龙角有关。推想四象之苍龙星座的起源，应早于二十八宿，大角与角宿二为苍龙的两只角，由于大角远离黄道，才为角宿一所取代。民谚有“二月二，龙抬头”，俗称二月二“龙头节”，这个龙头也就是指龙角。说明三代以前，人们有利用角星出没定季节的习俗。

亢宿：亢宿上连角宿，下接氐宿，角与氐均与龙有关，那么此处的亢字亦当与龙有关，它当为肮的借字，肮（háng），咽喉，这里是龙的脖肮之义。

氐宿：亢宿与氐宿均为四颗星，亢宿较暗为 3 等以下暗星，像一段背向角宿的弧。而氐宿较为明亮，氐宿一、四为 2 等星，四颗星成不规则四边形，其开口对着亢宿。这一段的黄道向南倾斜，角亢氐三宿均位于黄道之上。《天官书》曰：“氐为天根。”《索隐》引孙炎曰：“角、亢下系于氐，若木之有根也。”说明氐为龙的主体骨架，氐为骶的借字。但通常天根可作雄性生殖器解。

房宿：石氏曰："房四星……一曰天马，或曰天驷……一名天龙。"《石氏星经》又曰："房为腹。"初看古人说法互相矛盾，既为马，又为龙，又为腹部。但实际上，天马、天驷均是指龙，房宿是苍龙七宿的中心部位，故称为龙的腹部。将房解释为腹似较牵强。何光岳先生注意到西周时的宋地有房子国，周昭王曾娶房女为妻，其子周穆王曾巡视过房子国，而这个房子国所在地正合房宿分野，可见房宿星名，当与房子国有关。

心宿：心宿三星较为明亮，心宿二就是著名的三大辰之一的大火星，心宿之心，就是指龙心，将前后星名联系起来看，当无疑义。

尾宿：跟随黄道，房心尾三宿一直向南倾斜，至尾宿成为二十八宿中分布最南的一个星宿。其九星的分布呈弯钩状，最后四星又突然折向北方，似龙尾嬉水之状，悬挂于银河南段的河岸边上。龙有九子之说，亦当与尾宿九星有关，故尾宿就是苍龙的尾巴（见图2-2）。

箕宿：首先将箕的含义释为簸箕的是甘氏。因为其他天文学家并未述及箕宿有关的事情，只有甘氏星表载有与簸箕有关的糠星。《甘氏赞》曰："箕主簸扬，

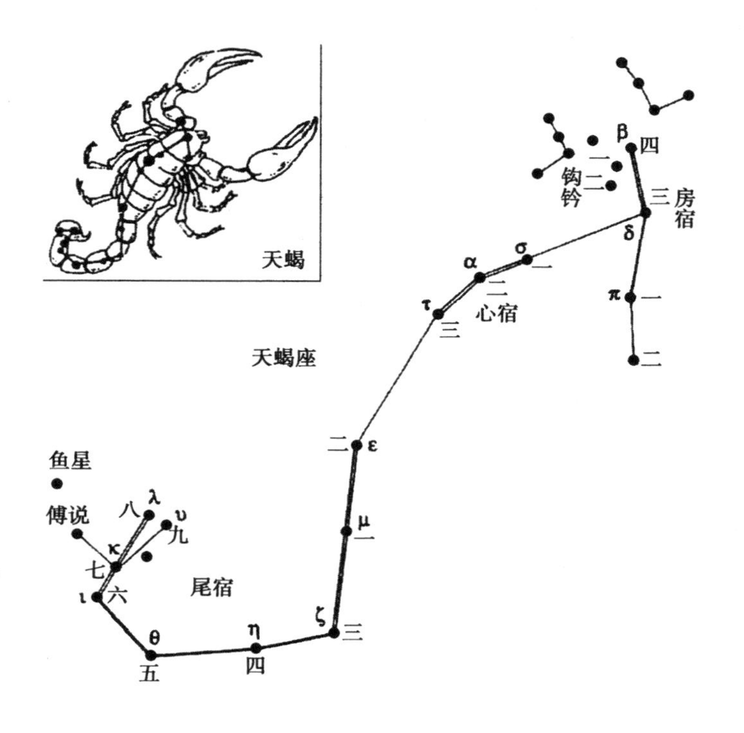

图 2-2　房、心、尾宿与天蝎座对应图

糠给大猪。”这就是说，甘氏认为箕这种工具是可以用来簸扬谷物的，簸扬出的谷糠可以喂猪，故于箕宿处银河的对岸设有糠星。经研究，将箕宿释为簸箕是望文生义的。前已述及，东方六宿的含义都与龙有关，那么其最后一宿也当与龙有关。原来箕宿之名与箕地、箕子有所关联。箕国为古国，其民属东夷族，东夷始祖太皞，风姓，以龙为图腾。《左传·昭公十七年》：

“大皞氏以龙纪，故为龙师而龙名。”所以箕宿属东方苍龙七宿。黄帝战蚩尤，蚩尤请风伯、雨师助之。蚩尤、风伯同出东夷族，又有“箕星好风”之说。箕子为纣叔父，因封于箕地，故称箕子。箕地周时属燕。箕子周时又被封于朝鲜。所以箕宿的分野对应于燕，正是箕宿之名与箕子有深刻渊源的有力证据（见图 2-3）。

图 2-3 风伯神像

3. 北方七宿的含义和星象

斗宿：斗宿之名源自其形象似北斗，故有南斗、北斗并称之说（见图 2-4）。其不同之处有二：一是斗宿只有六颗星，斗柄仅为两颗星；二是二斗的朝向不同。

图 2-4　南斗星君神像

北斗的斗口向上，南斗的斗口则朝向西南。故《诗·大东》曰："维南有箕，不可以簸扬；维北有斗，不可以挹酒浆。"此其北有斗即指箕宿之北的南斗。

牛宿和女宿：从牛宿起，直至奎宿，这些星宿都沿着黄道逐渐向北倾斜。此处牛宿、女宿之名，显然源于原本的牵牛、织女星。这是一对历史上流传久远的、男耕女织的婚恋故事（见图 2-5）。

图 2-5　四川郫县（今郫都区）东汉墓石棺牵牛织女图拓片

牵牛一名源自牛郎星，大约于战国星名调整时，原本的牵牛星改名河鼓，而牵牛一名则由牛宿使用下来（见图 2-6）。

将牛郎、织女星调整为牛、女二宿的原因大约就是距黄道太远。调整后的牛宿为六颗暗星，女宿为四颗星。为了与织女相区别，女宿又叫婺女或须女。与牵牛星相配，婺女被看作劳动妇女的形象，以显示农耕社会的最基层组织。牛宿和女宿是最基层的劳动人民形象，为天帝提供粮食和劳役（见图 2-7）。

图 2-6　南阳白滩画像石牵牛图

（右方刻有一人，其左手牵着一头牛，右手高举赶牛鞭。在牛的上方有呈直线状的三星，以线连接在一起。它显然是指河鼓三星而非牛宿，因为河鼓明亮，恰为三星，牛宿则为六星。）

图 2-7　南阳白滩画像石女宿象

（画像石的左下方，刻有一组四星围绕的清秀坐状女子，梳着高高的发髻在劳作，似作织布状。女宿四星，而织女星座为三星，故此图当为女宿。）

虚宿：虚宿二星的连线自西北向东南倾斜。古人对虚宿含义的解释似是而非，认为冬季万物枯杀，有虚耗死亡之义，故“虚主丧事”，“将有哭泣之事则占于虚”。其实这种解释为望文生义，为臆度。实际上，夏民族以颛顼为族祖，以龟蛇为图腾，而虚危为北方七宿的主星，以颛顼为代表，故这里的虚字为颛顼之顼的借词（见图 2-8）。

图 2-8 西安交大汉墓星图虚宿和危宿图

（在黄道带北方七宿牛宿、女宿后，刻有一五角形的星座，中间刻有一条小蛇，作盘曲状，头向上，尾曲向东方。虚危为北方七宿的代表，此星图西方二星当为虚宿二星，东方三星当为危宿三星。）

危宿：危三星成不等边三角形，其钝角朝向东北。古人对危含义的解释为“主庙堂”，“主架屋”，均不得要领。何光岳指出，远古时北方的三危人曾很强盛，在山东和敦煌均有三危山之名，这些均是他们于此活动的印记。故虚危对应于齐，青州。危宿三星，正与三危民族相对应。三危之名，当源出于三支危人的联盟。危宿三颗星，正是三危人联合体之数的象征。

室宿和壁宿：室壁合为四星，呈大方块形。古人将其昏中见作为十月营造宫室之期，并由此作为营室的含义。但是，营室的分野对应于卫，并州。难道并州以外就不造宫室了？故显然是不对应的。前已证实，二十八宿星名，当出自华夏各民族的图腾、民族、氏族或地区名，故营室的含义，当从北方民族或地区名寻找。

笔者以为，汉代人将营室解释成营造宫室是不对的，只需考察二十八宿全都是名词，而营造宫室则是动词就明白了，可见这样的解释与二十八宿名词的起源不一致。如果再考察一下曾侯乙墓箱盖星名为东萦、西萦。此处的“萦”字，显然不是动词而是名词，这是确定无疑的。那么，这个营室宿名是指什么呢？

笔者以为，营、室二宿之名，或可解释为东面的营人和西面的营人，或可解释为营州之人和室韦之人，即营和室各代表不同之地域。那么，北方七宿与营州和室韦人的分布地对应吗？

《开元占经》“分野略例”论北方分野时说：“危、室、壁，卫之分野……为诹訾。”其自注曰：“诹訾者，古诸侯也。帝喾娶诹訾女生挚，挚，尧兄也。《尔雅》曰诹訾曰营室、东壁也。一曰豕韦，夏氏之御龙氏国也。”

《月令》将五帝分配于四方时，将高阳氏颛顼分配在北方。诹訾氏为颛顼诸侯。高辛氏帝喾为颛顼族子，颛顼崩，帝喾即位。帝喾娶诹訾女生挚，挚继喾位，他就是帝尧的兄长。正是由于这层关系，天文学家将诹訾作为十二次中北方七宿的第三次。它与室壁相对应。据上引《尔雅》记载，这个与营室、东壁相对应的诹訾，又名御龙氏国，曰豕韦。

豕韦为夏王朝的诸侯，在帝孔甲时被废，帝皋时复立。[①] 在周代的东北方也有室韦，室韦又作失韦或豕韦，是东胡的一支，曾与齐和燕发生过多次战争。后被齐、燕打败而逐渐退出中原，成为匈奴的一部分，以后的契丹、蒙古和女真都与它有关。秦汉时的东胡分布在今内蒙古、河北、辽宁一带，大部时间臣服于匈奴，也合于并州的分野范围，故营室之“室”可能就是指室韦族。

再说“营”字。《晋书·天文志》曰：“虚危，齐，青州。”《乙巳占》曰：武王封太公于齐，“而都营丘也，属青州”。即营城是齐国的旧都，故称为营丘，汉以后齐地属青州。故营室之营字的含义，不应当释作营造之营，而当作齐国都城营丘。这就搞清楚了北方分野为什么与齐地之首都营都有关了。即营室之营代表齐

① “豕韦”见《今本竹书纪年》。

国。故更为细密准确的北方分野当为：斗牛，吴越，扬州；女虚危，卫，并州；室壁，齐，青州。可见营室星与齐国都城营丘是对应的。故营室就是营丘，对应于齐国。这是因为卫之都城濮阳为颛顼之墟，而颛顼为北方七宿之帝，当居七宿之中间。

4. 西方七宿的含义和星象

奎宿：奎宿是西方七宿的第一宿。它位于二十八宿中的最北端。奎宿也是二十八宿中第二大宿，星数达十六颗之多。唯其各星均不大明亮，其中最亮的星奎宿九位于奎宿的东北方，称之为奎大星，也仅为 2 等星，其余均为 3 等以下暗星。奎宿的形状如一只两头大中间狭小的破鞋底。

《天官书》曰：“奎曰封豕，一名天豕”。郗萌曰：“将有沟渎之事，则占于奎。其西南大星，所谓天目者也。”封豕为大猪，猪常拱地寻食，故曰“沟渎”。经研究，中国远古、上古时代，古西羌中有一个支系称为圭戎，他们在陕西、甘肃一带建立上邽国和下邽国。其中有一个支系逐渐东迁，并落户于鲁地，故今博兴县东南有奎山，一名笔架山。奎宿因圭人而得名，这表明奎因圭人居此而得名。故奎宿的分野在鲁。

娄宿：娄宿三星，自东北向西南倾斜，大致成一直线。其中娄宿三为 2 等星，余为 3 等以下小星。娄宿之名，源出于古西羌的娄人。当夏人向东方发展之时，其中有一支娄人也随之东来。在向东发展时期，大约是同出于西羌的原因，他们总是与黄帝族的姬姓相依存。故山西汾水流域留有他们的踪迹。《左传·襄公二十四年》曰："娄，晋地"，就是指此。为保存夏人的一脉，西周分封诸侯之时，封东娄公于杞，同时还有西娄公之地。楚惠王灭杞，一部分娄人逃依鲁国，在沂水上游建立起更小的杞国，受到鲁国的保护。故娄宿的分野在鲁。《路史·国名纪》曰："密之诸城有娄乡"，也是一个佐证。中国黄道带十二星次中的奎娄二宿，属降娄星次，降娄即降生娄人之义。它再次与娄人发生了关系，娄宿之名源于远古之娄人当属无疑。

胃宿：三星鼎足而居，为 4、5 等小星。古代天文学家对胃宿含义的解释，均如石氏所曰："胃主仓廪。"此当为动物之胃含义的推衍，故胃当作虎胃解。鲁人姬姓，可推衍为黄帝后裔。又奎一解为天目，可理解为虎的眼睛。故奎、娄、胃为西方白虎之首，对应于鲁之分野。

昴宿：昴宿七星最具特点，它们虽然不很明亮，但是全部聚集在不到 2 度的范围之内，看上去像一团含混不清的毛发。古人对昴宿有两点有价值的议论，一是曰胡星，一是昴为茅，亦作旄。即象征着毕为中国，昴为胡人，以天街为界。由此可以推断这个“昴”字，必为胡人之族名。考《尚书·牧誓》载武王伐纣时，曾联合西方八国之兵，为庸、蜀、羌、髳、微、卢、彭、濮。可见昴、茅、旄均为髳字的异写，昴宿即髳人之星。相传髳人居住于川陕交界处，当为古羌人的一个支系。髳人中的一支因伐纣或迁居等原因留居于中原地区，故分野载：“昴毕，赵，翼州”。

毕宿：毕宿八星，似二齿叉状，分布于昴宿的东南方，中间有天街二星相间隔。正如前引汉代星图所描述的那样，天文学家有人把它比喻成捕兔之毕网，又将昴毕看作外国和中国。这样区分的理由是昴为胡人，毕为中原大国晋。为什么毕为晋呢？这是因为正如唐代天文学家李淳风《乙巳占·分野》所言，魏国祖先毕公高于周分封诸侯时被封于毕，因此以毕为姓，其后裔毕万从晋献公伐魏有功，封于魏，成为开创魏国之祖，后三家分晋，得毕之分野属魏。这便是毕宿之名的来历，也是为什么有异常天体犯毕时，魏人有灾的道理所在。古人早就认识到这一点，今人就不应该有什么争议了（见图 2-9）。

觜宿：《天官书》曰：“小三星隅置，曰觜觿，为虎首。”上引西汉二十八宿星图将其释为猫头鹰（见图

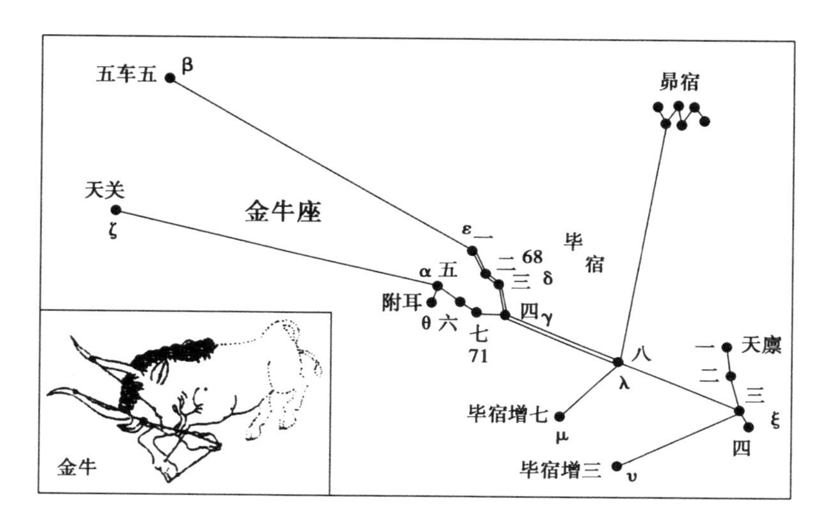

图 2-9 昴宿、毕宿、天廪与金牛座对应图

1-2），《天官书》又将其释为虎首。虎首与参为虎身相配，成为西方白虎的主体。然而它们即使是虎，也应理解为西羌人的虎图腾。

在黄道十二星次中，尚有娵觜的星名，觜宿名与娵觜有关。《史记·五帝本纪》有帝喾“娶娵訾氏女，生挚。帝喾崩，而挚代立”的记载，那么，这个与帝尧为异母兄弟的帝挚之母所在氏族就是觜宿一名的来源了。

参宿：参宿十星是指猎户中腰三星、外围四星，加上伐三星。这十颗星都很明亮。除伐三星为 3 等外，其余均为 1、2 等大星，成为春季夜空中一道亮丽的风景线（见图 1-4，1-5，1-6）。与大火星相对应，大火为商人之星，参为唐人之星。如《诗·唐风·绸缪》所述：三星在天、在隅、在户，用以确定不同时节。这个三星就是指参星。唐之所在地即晋人之地，也即汾河中下游之魏地。由此也可证明参宿与魏地的对应关系。

5. 南方七宿的含义和星象

井宿：井宿又名东井，它与鬼宿均横跨黄道之上。井宿八星虽然不很明亮，但也有一颗 2 等星，三颗 3 等星，其南北夹着明亮的南、北河戍星。曾被甘氏选作二十八宿之一的狼星和弧星，其星虽也很明亮，但位于远离黄道带的南方，故被井宿、鬼宿所取代。巫咸曰："东井，水星也"。《黄帝占》曰："东井主水"。可见古代的天文学家，都将井宿看成水井。其八星自西北向东南成两行分布，确实似长长的井壁。因此，东井之名，就是东面的水井，这是由于在其西面参宿之下，另有玉井和军井的原因（见图 2-10）。

但是，从二十八宿恒星的分野观念来看，井宿之名，不应该理解成水井，而应该当作民族或地区之名才能相对应，因此当另求别解。东井、舆鬼对应于秦，雍州。按推理，在雍州之地当有以井为名、以鸟为图

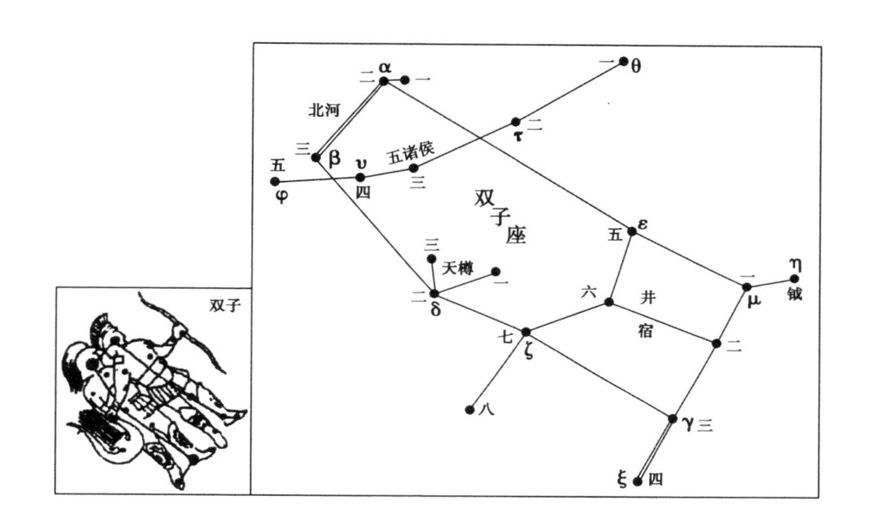

图 2-10 井宿、北河戍、天樽星与双子座对应图

腾的民族分布。何光岳先生《中原古国源流史》指出，在陕西宝鸡曾建立有井国，它便是姜子牙在助周灭纣起事之前，于渭水南岸绿溪村附近垂钓的地方。姜子牙也因灭纣有功被封于井国为侯。井国因井人分布于此而得名。平王东迁之后，秦人灭井国和鬼方作为基地，建立起强大的秦国。故秦雍之地成为井宿的分野。

井人与鸟夷的关系亦有文献为证，《世本》云“伯益作井”，《淮南子》注说“益佐舜，初作井”。伯益及其后裔因发明了造井技术而以井为氏。井人曾很强大，建有多处方国，宝鸡之井国，仅为诸方国之一。秦人自称为伯益的后裔，伯益便是善鸟语、调训鸟兽、佐禹治水有功的大臣，舜赐姓嬴。从其擅长的描述中即可看出，其是以鸟为图腾的民族。

鬼宿：鬼宿四星，组成不太明亮的不规则的四边形，在有些星图上，鬼宿中间还有一星，名为积尸气。从西安交大星图中两人抬死人的形象即可看出汉人对鬼宿形象的描述（见图 2-11）。鬼即死人的鬼魂。但从分野观念来看，这里的鬼宿不能作鬼魂解。前已述及，井宿和鬼宿对应于秦雍州，井既然被释作居于秦地的井人，那么这个鬼宿之名，当不是鬼魂而是民族名。这个民族就是居住于陕甘一带，长期成为西周边患的鬼方。周大臣申侯因怨幽王废太子宜臼，而引犬戎、

图 2-11　西安交大汉墓星图中的鬼宿图

（在鬼宿四星旁画有两人抬着一物，似死伤之人体，

象征鬼宿中积尸气对应于死人之含义。）

鬼方兵杀幽王而灭西周，以后秦人以井、鬼之地为基础而强大起来，成为西方的霸主，故井宿、鬼宿对应于秦雍。不过，鬼戎原属西羌，被秦征服以后，很快也就融合于秦而以鸟为图腾了。

柳宿：以上对井、鬼含义的解释，只涉及井人祖先对鸟的崇拜，尚未论及星宿的形象。古人将南方七宿看成鸟象，为一只自东南向西北飞翔的大鸟。人们并未将东井与这只鸟相联系，只是首先从鬼宿开始，到翼宿结束。《天官书》正义曰："舆鬼四星，主祠事，天目也。"《观象玩占》也说："鬼宿一曰天目，朱雀头眼。"鬼宿四星配以中间的积尸气，很像朱雀的头眼，只是舆鬼一名与鸟无关。

关于柳与鸟的关系，古人是这样陈述的："咮谓之柳。柳，鹑火也。一曰注，音相近也。"即这个柳宿之名，在甘氏二十八宿中称为咮，也即注，也为借词，是鸟嘴之义。由此注，柳为鸟嘴的关系也就清楚了。在柳宿之八星中，前五颗围绕在一起似脑袋，后三颗星为与其相连的脖子，合起来确实像鸟嘴。不过仍然存在一个未解之谜，这个石氏星名为什么叫柳？

笔者以为，柳、星、张这三宿对应于河南的南部和安徽的西部，正与安徽西部、河南东南部的六安地区相对应，六安之名源于上古之六国，追溯六国的历史，可上推到少昊氏的曾孙皋陶。为了纪念这一历史遗迹，天文学家便以六作为二十八宿星名，六、柳、刘读音相近，均为皋陶氏遗裔之大姓。又按《乙巳占》的说法，这个柳宿星名是为了纪念周之祖先公刘的。公刘以农立国，打下了周的基业。平王东迁伊洛，失去了秦雍的基地。故周的分野为三河，与柳宿相对应。为纪念公刘业绩，以刘为星名，柳为刘的借词。

星宿：星宿又名七星。南方七宿均不明亮，其中最大的两颗星井宿三和星宿一，也仅为2等星。《天官书》曰："七星，颈，为员官，主急事。"故七星为鸟的脖颈和咽喉。可能这个七星之名，也与参为三星一样，是以星数作为星名的。

张宿：张宿六星，其中间四星呈不规则四边形，其对角两星东西向，两角星外又各有一星，组成纺锤状。张宿这个星名很令人费解，古人除释之为鸟嗉即朱鸟之胃之外，别无其他解释，但张这个词除作姓氏之外，与动物或用品均不相涉。故笔者以为，它可能是河南地区鸟夷民族的大姓。《史记》载有东张城、西张城，为张泽之封侯于此所建，地处三河地区的蒲州虞乡县。可见此地与张人居此有关。

张姓是华夏族中少数几个大姓之一，这个姓氏人口众多，也与后来不断有其他民族部落加入有关。西周时河南西部的越章人数众多，楚国兴起之时，首先征服了越章地区，分封其三子为句亶王、鄂王和越章王。章人因受到楚人的打击逐渐南迁，故安徽、江西有豫章之称，皆因章人的迁入而得名。章与张读音一致，故星占家将其作为星名时均写作张。这个张、章大姓分布之地，在分野上与张宿正好相合。

翼宿：翼宿是二十八宿中最为巨大的一个星宿，它虽然大星不多，仅翼宿五为 3 等星，其余均为 4、5 等小星，但散布于太微垣以南的广大空间里。翼宿又是二十八宿中星数最多的一个星宿，达二十二颗之多。在南方七宿中，只有翼宿的含义最为明确，是朱鸟的翅膀和尾巴。

轸宿：轸宿是二十八宿中的最后一宿，但它的组成却与鸟的形体无关。据汉以后天文学家的解释，轸四星为车底座下的四根横木和车架，再配车辖二星，那就更像车子了。将轸释作车，与二十八宿的分野观念不协调，笔者认为，这个轸宿，亦当与国名有关。在春秋以前的随国以南有轸国，此正与轸的分野为楚相合，故轸为楚地国名。①

笔者以往在论及轸宿的含义时指出：

楚在西周时原仅是江汉之间荆山地区的小国，据《左传》等文献记载，直至东周前期，楚国“土不过同”。“同”是指土地面积，方百里为一同，即领地方不到百里之意。另据何光岳《楚灭国考》的考证，荆山位

① 何光岳：《楚灭国考》，上海：上海人民出版社，1990 年。

于汉水下游左岸，而轸国在汉水东（今湖北应城一带），与荆山隔水相望，故说轸国在楚之东。到了楚武王和文王在位（公元前740～前675年）以后，是楚国开始强盛之时，楚于鲁桓公十一年（楚武王四十年，即公元前701年）派屈瑕与其东的贰、轸两国会盟。建立同盟关系，对贰、轸来说是迫于压力，对楚来说可进一步壮大自己的势力。

曾侯之墓何以会出现在随国？一直无人提起而被当成一个谜。先说曾侯之曾，在古代有曾、缯不同写法，可通用。何光岳认为，曾国先民可上推到夏禹时的斟寻氏，在史籍中出现不同的异写，但都说他们原以姒为姓。轸国建立后，“子孙以国为氏”，后世再改轸氏为曾氏，所以轸、曾、缯为同一个国家。再说随本是姬姓之国，与轸相距不过百里之遥，古代常把轸、随并称，很难将二国具体分解开来，原因是轸与楚会盟后，虽已沦为楚的附庸，但轸国君主仍一直受到楚国的礼遇。随着楚国不断开疆扩土，轸国的地盘已成为楚的腹地，楚遂把轸君迁往已被灭了的随国，仍然保持着名义上的国，所以曾侯墓才会出现在原来的随国之地，后世将曾、随并称也由此而来。由于贰、轸、随成为楚国的门户和腹心地区，故轸、曾、缯、斟都是同一个国名，成为楚地的代表。这便是中国星占为什么异常天象出现在翼轸时咎在楚地的道理所在。[①] 在轸宿中又附有长沙星（长沙为楚之后方），由此更证明了这一点。故至今为止，中国最早的二十八宿出土文献出现于随州也不是偶然的。

① 陈久金、李维宝：《二十八宿分野暨轸宿星名含义考证》，《天文研究与技术》2011 年第 4 期。

第三章 二十八宿探源

1. 中国二十八宿源于四象，四象源于图腾

中国二十八宿起源于四象，四象又源于华夏民族的图腾信仰，这是笔者多年从事二十八宿起源研究之后所下的结论。从以上二十八宿星名含义的解释可以看出，许多二十八宿星名毫无疑问地与其所属四象有关。例如，角、亢、氐、房、心、尾的含义一定与龙体的各个部位有关；觜参为白虎之象；翼宿一定是朱雀的翅膀。那么，二十八宿与四象存在一定的关系应是毫无疑问的。但是，二十八宿中有些星名却与四象并无直接关系，如箕宿、虚宿、毕宿等。如果单纯地将四象看成是星空中的四种动物形象，那么，不仅这些动物的各个部位与华夏各个地区找不到对应的依据，对应的星空中突然出现箕宿、毕宿、虚宿之名等，就

会令人莫名其妙，从分野说更是不通。簸箕怎么正好与燕地相对应呢？捕兔之毕网又如何能与魏人的安危相对应呢？于是，只有将四象看成是东夷、西羌、戎夏、南蛮四方民族的图腾，才能在更高层次上得到统一的解释。这就要求以龙为图腾的民族正好分布于东方，以虎为图腾的民族正好分布于西方，以龟蛇为图腾的民族正好分布于北方，以鸟为图腾的民族正好分布于南方。从中国上古民族图腾的研究证实，华夏民族的图腾分布正好与此相吻合。

当然，图腾只是原始人类的一种信仰，进入文明社会以后，人们就不再相信它，图腾观念也就逐渐从人们头脑中淡化。但是，远古人类的图腾意识还是被人们记载了下来；另外，长期处于封闭状态、发展缓慢的后进民族，至今还残存着图腾意识，留有丰富的资料可供我们研究。

中国是一个多民族的国家，华夏民族的图腾是多种多样的。东夷民族的龙图腾、西羌民族的虎图腾在历史文献中都有着丰富的记录，少昊族以鸟为图腾，则更是有据可查。夏民族的龟蛇图腾也逐渐为大家所认识[①]。但是华夏民族不只是这四个图腾，有据可查的

① 陈久金：《华夏族群的图腾崇拜与四象概念的形成》，《自然科学史研究》1992 年第 1 期；又载《陈久金集》，哈尔滨：黑龙江教育出版社，1993 年。

还有炎帝族的牛图腾和熊图腾，苗族的犬图腾和牛图腾，北方匈奴等民族的狼图腾和猪图腾等。

将华夏民族的图腾搬到天上，置于黄道带的四面八方，象征天帝统治下的四面八方的臣民都在天帝的统辖之下和睦相处，这是一个很好的设想。据统计，中国的黄道带既可分为十二星次，又可分为九野、五兽和四象。这几种分法均出自不同的考虑：分为十二星次，是将其对应于十二个月；分为五兽，是对应于五行和五季；分为四象，是为了对应于农历的四季；分为九野，象征黄道带的九个不同方位。将二十八宿分配于四象，正是出于中国习惯于将一年分为十二个月和四季的考虑。

将黄道带分为四方和四季，最合理的分法就是与四象相对应，也即对应分布于东南西北四方的四个主要民族，并以图腾作为民族的象征。由于民族众多，选择哪四个民族作为代表是很费周折的。

东夷西羌是华夏地区以龙虎为图腾的最主要的两大民族，早在黄帝时就实现了华夏民族的联盟，黄帝当上了联盟的大酋长。以后这个联盟不断发展壮大。颛顼时实行了东夷西羌两大民族的共同执政，濮阳西水出土的新石器时代的蚌塑龙虎墓，就是这种联合的实证。夏民族也是华夏地区的强大集团，为它所建立的夏王朝，则显示出它在华夏地区的重要地位。以鸟为图腾的少昊族广泛地分布于江淮地区，他们不仅人口众多，而且也建立起了强大的商王朝。周代时南方的楚国、西方的秦国等也都是其后裔。其他民族虽然也各有自己的强大之处，但均不是这四大民族的竞争对手，故龙、虎、龟蛇和鸟成为华夏民族的代表，入选为四象（见图 3-1）。尽管如此，以犬、狼、猪等为图腾的民族，在中国星图上同样也得到适当的地位和反映。其中狗星、狗国星、天狼星、奎宿等，就是这些民族的图腾在天上的反映，没有例外。

图 3-1　汉代四象瓦当
（左起：青龙、白虎、朱雀、玄武）

2. 印度二十八宿记载较晚且不成体系

某些研究二十八宿起源的西方学者，包括英国李约瑟《中国科学技术史 · 天学》卷在内，在相当长的时间里都主张古代各国流行的二十八宿起源于巴比伦[①]。因为人们普遍认同巴比伦是西方天文学的发源地。他们曾断言除黄道十二宫外，巴比伦人的另一个三十一个标准星体系就是二十八宿。如果说三十一这个数为二十八宿加三垣，那么三垣也是中国所特有的星官体系。不过，将三十一个星座附会为二十八宿，无论如何是困难的，人们也从未在楔形文字的泥版书中发现过二十八宿星表。再说这三十一个标准星体系的出现，不能早于塞琉古王朝时期（前312～前64年），显然不能与中国相比。

李约瑟在《中国科学技术史·天学》卷中承认，"中国、印度和阿拉伯等三种主要月站体系同出一源，这一点是几乎无可置疑的"，"阿拉伯的马纳吉尔不是竞争的对手"。但他却认为"东亚的赤道月站，是在公元前一千纪中期以前，起源于巴比伦天文学的"。

他举出亚述巴尼帕王（公元前668～前627年）藏书室中保存的一批楔形文泥板为据（见图3-2）。"泥板上绘有一种星图，三个同心圆，各由十二条半径截成十二段，形成三十六个区域，上面标有星座名称和一些数字，其确切意义还无法解释。"于是他便把它们看作表示"月站的原始平面球形星图"。其实他的这一论

① 李约瑟：《中国科学技术史·天学》，北京：科学出版社，1975年，第190-195页。

断是很草率的。在对星名和数字“无法解释”确切意义之前，是根本不能将其“看作”二十八宿星图的。这种鲁莽行为可能与其不是天文出身有关。黄道带的这三十六个区域或称三十六星实在毫无共同之处。

事实上，亚述泥板三十六星另有天文学上的功用。原来古埃及使用一岁十二个月，每月三十天的历法。他们创立旬星法，用以确定季节。具体做法是，将黄道带的恒星分成三十六组，每过十天，在日出前的东方地平线上，就有一组新的旬星出现。某组旬星的出现预示着某个旬日到来。这组亚述泥板三十六星正是记载这一功用的。

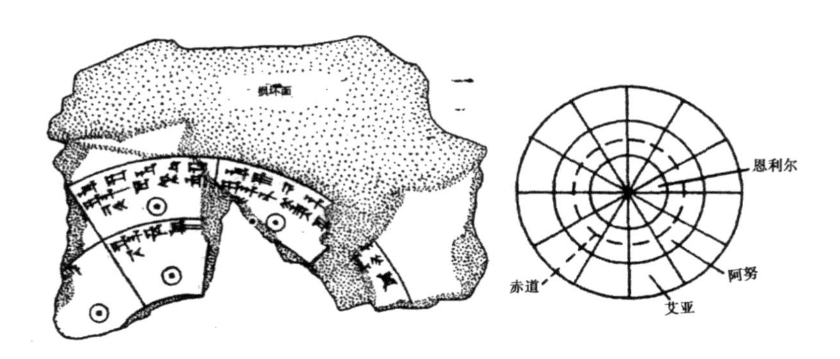

图 3-2 被李约瑟引作二十八宿证据的亚述泥板星图

除巴比伦外，阿拉伯亦有二十八宿，称之为“马纳吉尔”，这种星表确实完成于《古兰经》之前，但据其领头星“巴尔达”即斗宿为冬至点可以推知其使用的年代不会早于公元前 2 世纪。埃及人使用二十八宿的时代也与此接近，大约是在科布特时代（公元前 3 世纪以后），而这个时期中国的二十八宿已发展得十分完备，故他们不是争论的对手。争论的焦点集中于中国和印度。

为了观测和研究太阳、月亮的运动，印度亦有二十七宿的划分方法，它将黄道带划分成二十七个等分，称为“纳沙特拉”，意为“月站”。由于印度的二十七宿是等分的，各宿的起点并不一定有对应星，于是，他们就选择该宿范围内最亮的一颗星作为联络星，每个宿都以联络星星名命名。

印度也有二十八宿的划分方法，具体办法是于人马、天鹰之间，增加一宿，宿名为麦粒，联络星为天琴 α。现将印度二十八宿星名、联络星与中国二十八宿对应星名引述如下（见表 3-1）：

表 3-1　中印二十八宿星名、联络星对比表

中国宿名	印度宿名	联络星	中国宿名	印度宿名	联络星
昴	剃刀	金牛 η	房	敬神礼物	天蝎 δ
毕	轮车	金牛 δ	心	耳环	天蝎 α
觜	鹿首	猎户 λ	尾	狮尾	天蝎 λ
参	宝石	猎户 α	箕	床	人马 δ
井	屋	双子 β	斗	象齿	人马 τ
鬼	箭	巨蟹 δ	牛	麦粒	天瑟 α
柳	轮	长蛇 ε	女	人足	天鹰 α
星	屋	狮子 α	虚	小鼓	海豚 α
张	床	狮子 δ	危	宝石	宝瓶 λ
翼	床	狮子 β	室	二面像	飞马 α
轸	手	乌鸦 γ	壁	床	飞马 α
角	珠子	室女 α	奎	小鼓	双鱼 ξ
亢	珊瑚	牧夫 α	娄	马首	白羊 β
氐	一圈叶子	天秤 α	胃	羊胃	白羊 41

其中的宿名，表示该宿的名称和含义。联络星只起到寻找该宿大致范围的作用，故都取大星作标志。联络星并不起距星的作用。印度推算各宿位置的方法是，每年先算出春分点的位置，由二十七宿或二十八宿平分黄道度，每宿平均为 12 度余，以相应宿数与其相乘，即得该宿春分度。

印度上古文献全无年代记载，要确切地确定资料和记录的年代是困难的。人们曾根据春分点岁差移动

的原理推断《鹏鸪氏梵书》春分点在昴宿的年代为公元前 2500 年。由于其所载二十八宿以昴宿起首，便推论印度的二十八宿起源当早在公元前 2000 年以前。事实证明这一推论是完全靠不住的。印度最早的古籍《梨俱吠陀》所载二十八宿则是以大角星为起首星，这种排列方式又与中国一致，可见并不能由昴宿为起首星来推定印度二十八宿的起源时代。这种认识上的错误与以《尧典》四仲中星的昴宿断定中国二十八宿的起源相类似。在印度上古经典文献中，往往附加有后人改编的资料。《梨俱吠陀》刊载中印二十八宿起首星相同，为中国起源说提供了证据。

这里必须明确指出，以往某些西方学者以二十八宿中的联络星来推算印度二十八宿的成立年代，是犯了科学概念上的认识错误，这是因为，联络星不是明确的季节星象，只有如中国的冬至日在牵牛初度等才是确定的起点。有了这个明确记载，以岁差原理推出的观测时代才明确无误。

而联络星是什么？它只是为了寻找该宿出现的一个大致标志，并不起距星的作用，更不是位于每宿的起始处。换句话说，该宿的联络星可以位于该宿的起始点，也可以在该宿的末尾。有这么大的变动幅度，即误差可达 12 余度，用岁差推出的年代误差上下可达千年以上。这是利用联络星推成立年代的学者们所没有考虑到的。

就文献记载而言，印度的证据并不多。据有人考证，《梨俱吠陀》大约出现于公元前14～前12世纪，其赞美诗中，似乎任何一颗恒星都可以说与“纳沙特拉”有关。而西方大部分科学史家都一致认为恒星方位天文学并非古印度人所长，他们没有任何与中国的石申夫星表比拟的著作流传下来。故古印度人能否独自创立二十八宿体系是一件大可怀疑的事情。

现今考古发掘出土的文物为二十八宿起源于中国提供了越来越多的证据，而印度的考古证据一件也没有。更为重要的是，在《鹧鸪氏梵书》中记载有一年分为春、热、雨、秋、寒、冬六季，还有一种分法是将其简化归纳为冬、夏、雨三季，这合于印度地区季节变化的实际。也就是说，与一年分为四季的状态毫无共同之处。可是印度文献中刊载二十八宿是按四季分配的，与印度气候的变化不相符，这再一次证明印度二十八宿并非独自起源，而是传自中国。

3. 中国二十八宿传入西方的时间和途径

日本学者新城新藏论证二十八宿起源于中国的结

论至今仍然不可动摇。他认为，印度二十八宿相当于中国二十八宿起源时的状态；二十八宿发源地当有牛郎、织女故事的传说；二十八宿传入印度之前有停顿于北纬 43° 的行迹；二十八宿的发源地当有以北斗为观测的标志，而印度处于赤道地区，不具备以上天文特征，这些都表明二十八宿一定起源于中国。

从以上介绍可以看出，印度上古文献中虽然也有二十八宿的记载，但却完全没有创立二十八宿的基础。而中国的二十八宿，早在战国初年就有了深厚的基础，这种基础得到文献记载和出土文物的双重证实，这是十分肯定的，完全无法动摇的。而战国初年出现的每个二十八宿星名，包括很暗的星宿，如斗宿、牛宿、女宿等，早在西周和春秋时代的文献中就已出现，证明类似于石氏二十八宿的完整体系早在春秋以前即已出现。

二十八宿与中国的分野观念是分不开的，而早在春秋时代，那时的星占家就已利用分野观念来预言各诸侯国的吉凶灾异。例如《左传·昭公十七年》（前525 年）记载了一颗彗星出现在大火星附近，其彗尾扫到东面的银河。当时有三位星占师，申须、梓慎、裨灶，都预言彗星现为除旧布新之象。出现于大火附近，则是阏伯、太昊之墟；东越银河以后，便为北方颛顼之墟。太昊、阏伯的后裔对应于郑、陈、宋国；颛顼的后裔对应于卫国。故预言郑、陈、宋、卫四国都将发生火灾。可见早在公元前六世纪，二十八宿与恒星分野的理论就已结合得很紧密了。大火星即心宿，可见二十八宿的形成必在前六世纪之前。

荷兰科学史家什雷该尔在其《星辰考源》一书中也竭力主张二十八宿起源于中国，他所提出的证据都是从星座出发的。他指出，埃及、希腊的星座大多不是西方创造，而中国的星座完全是自己创造；西方星座与中国星座有许多相同之处，例如毕星好风之说、高辛氏二子的故事等，都是从中国传过去的；中国星宿历史悠久，可以从天文文献和考古资料得到多方面的证明。[①]

作为与甘、石二十八宿有着巨大差异的《周礼·春官》《秋官》和《考工记》所载二十八星，判断其出现在西周时代，甚至出现于殷末周初，也就一点不奇怪了。经以上分析，《周礼》二十八星，我们并不知道其任何一个星名，尽管其中每一个具体星名可能是存在的。但多次记载二十八星而不载星名本身，就预言着当时的二十八星是无象的，其间距是等分的，这正是二十八宿产生的原始状态。这种等分的原始状态，在后引岁星纪年资料中得到了证实。而传入印度，并在印度得到应用的正是这种原始状态。

---

① G·Schlegel. *Uranographie Chinoise*. Leyden, 1875.

因此，中国二十八宿产生的原始状态，可能早在西周时代，至迟在春秋时代，就已通过中亚、经过中亚民族的吸收改造以后，再传入印度、巴比伦和埃及。传播的次数，很可能不止一次，而是多次的。传入伊朗和阿拉伯的时代那就更晚了。

古印度人吸收了中国的二十八宿以后，为了供本民族使用，尽管其四象的基础无法改变，但改变一下领头星应该是没有多少困难的。某些西方学者仅仅根据印度人改造后的资料出发，单纯用昴宿为春分点的观念来断定印度发明二十八宿的年代早于中国是完全不可信的。

我们所说的创立二十八宿，必须具备创立的基础，很多研究二十八宿起源的西方学者很不在意，他们只想利用印度写作年代很不确定的一两本书，通过一次岁差计算就下结论的做法，应是很不严谨的态度。就如在巴比伦找不到记载二十八宿的影子，却硬说二十八宿起源于巴比伦一样，他们的主观意识太深了。故二十八宿一定起源于中国。

第四章 二十八宿的功能

1. 天体的度量系统

中国人对于二十八宿之名都很熟悉，但具体问到二十八宿是干什么的，有什么用处，那就说不清楚了。即使说对了一部分，也不全面，或者只说次要的，却忘记了主要功用。事实上人们创立二十八宿就是为了研究天体运动的，当然同时包括研究月亮、太阳和五星的运动在内。这是因为，日月五星都在黄道附近运动。用科学的术语来说，创立了二十八宿，就是为研究日月五星的运动设立了一个参照物，就如在道路两旁给村镇命名一样。有了这些参照物——二十八宿星名，对天体的位置就可以做出相应的表示，如在某星宿处，在某星宿的右上方、左下方、正前方等等。

但是，正如前面所述，给黄道带这些星座的分割和命名，首先是为了能顺利开展对月亮的研究，星座数都不是随意的，黄道带一周的星座数当为二十八或二十七，以便达到月亮一天运行一个星座的目的，故称二十八宿或二十八舍。同时为了实现这一目的，各星宿间的平均宽度，也应该是对等的。

在建立二十八宿系统之前，在黄道带首先建立起以民族图腾命名的四象体系，以对应于黄道带的四季星象。又为了使二十八宿合于恒星分野的观念，人们在给黄道带二十八宿星座命名时都不是随意的。它的大多数宿名都必须符合中国民族分布的实际状态。本书第二章对二十八宿星名含义的解释就证实了这一命名的规律。

随着天文学的发展，为了进一步从量上更准确地表述天体的方位，人们形成了用天球描述全天星座的观念，并用横竖两个方位建立坐标系的办法来表述天体的方位。描述天体的方位大致有三种，地平坐标系、赤道坐标系和黄道坐标系，在中国古代，这三种坐标系都使用过，且有中国的显著特点。对这些特点仔细加以分析发现，中国天文坐标系是建立在二十八宿基础之上的。现对这三个坐标系分别介绍如下：

（1）地平坐标系

这是人们最初形成的直观坐标观念。人们早就有了方位的观念，这就是以观测者为中心的外界的四面八方。在此基础上形成地平经度的概念，它广泛地使用在日晷测量和太阳出没运动的方位上。

方位角的产生已难考查，汉代时已使用十二地支表示方位，稍后即配以八干四维，形成二十四方位。四维用八卦中的艮、巽、坤、乾表示东北、东南、西南、西北四角。八干的分配是，甲乙介于正东卯前后，丙丁介于正南午前后，庚辛介于正西酉前后，壬癸介于正北子前后（见图 4-1）。

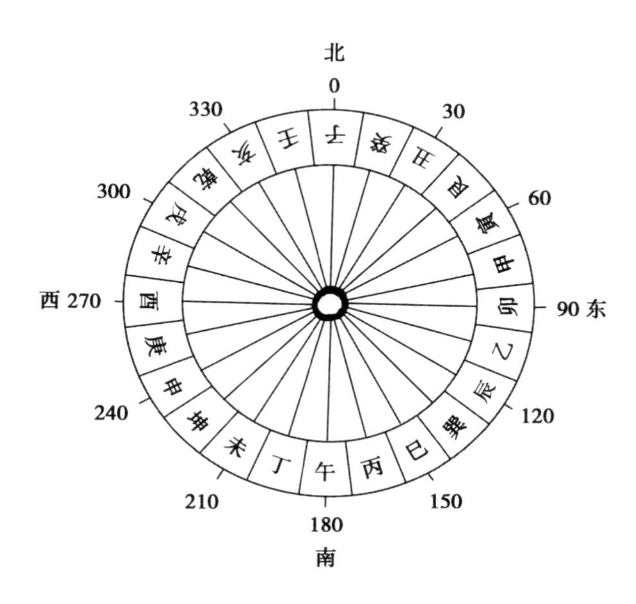

图 4-1　二十四方位图

地平坐标的另一个分量为地平纬度，中国古代通称地平高度。地平高度既可用度数表示，也可以用弧线的长度丈、尺、寸来表示。经考证，高一尺大致为一度（见图 4-2）。

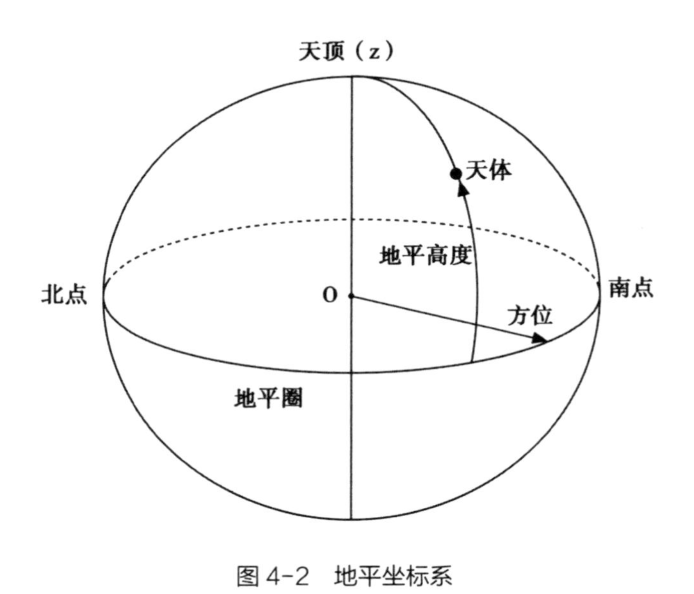

图 4-2　地平坐标系

在很长一段时间内，地平坐标系并未得到普遍应用，也从未产生独立的地平仪。通常只在浑仪所附的地平环上才刻有地平经度。直到元代郭守敬创立简仪，仪中配有立运仪，人们才有了既能测量地平高度，又能测量地平经度的仪器。清代制造的八件天文仪器中，地平经纬仪也是这种仪器。

（2）赤道坐标系

地球赤道平面延伸与天球相交的大圆称为天赤道。它的几何极称为天极。赤道坐标以天赤道为基圈，北天极为坐标系的极。过天极的大圆称为赤经圈。任何一个赤经圈与天赤道都相垂直。

赤道坐标系的主点是春分点，它是黄道对赤道的升交点。过天体赤经圈与天赤道交点与春分点之间所夹之大弧称为天体的赤经。

赤道坐标是近现代各国最常用的坐标。可是古代西方各国却习惯于使用黄道坐标，只有中国是例外。由于石氏星表中已有入宿度和去极度记载，故早在战国时代，中国天文学家就已发明了赤道坐标，并用以测定天体的坐标。

中国古代的赤道坐标系是一种特殊的坐标系，它是建立在二十八宿的基础之上的。黄道坐标系亦然。因此，没有二十八宿，就没有中国的赤道坐标系和黄道坐标系，也就没有中国的星表和星图。故二十八宿是中国天文学赖以建立和发展的基础。

中国古代赤道坐标是通过二十八宿中的各个距星来实现的。通过北极和相邻两距星大圆在赤道上交点间的夹角称为前一个星宿的距度。落在这两条赤经间的天体通过北极的大圆与赤道交点和距星之间的赤经差叫作入宿度，所测天体与北极的角距离便为去极度（见图 4-3）。

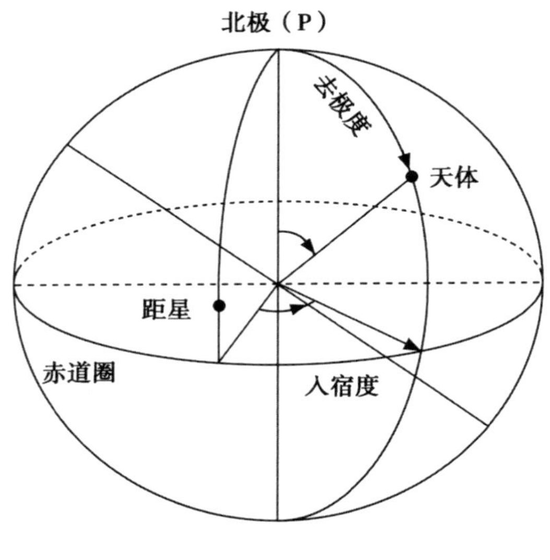

图 4-3　赤道坐标系

（3）黄道坐标系

中国古代亦有所谓黄道入宿度和黄道去极度的测量数据，它当是建立在黄道坐标基础之上的。经过前人研究，古代人所使用的并不是真正意义上的黄道浑仪，而只是在赤道浑仪的赤道环上附加一个黄道圈而已。

因此，所谓黄经差，实际只是二十八宿距星的赤经差在黄道上的投影。所谓某宿的黄道距度，就是通过本宿和下宿距星的两条赤经圈所夹的黄道弧长。这种黄道距度与以黄道为基本圈，以黄极为极点所得到的真正的黄经差是不相同的。故人们将利用这种方法测得的天体黄道度数，称之为“伪黄道度数”或“似黄道度数”（见图 4-4）。

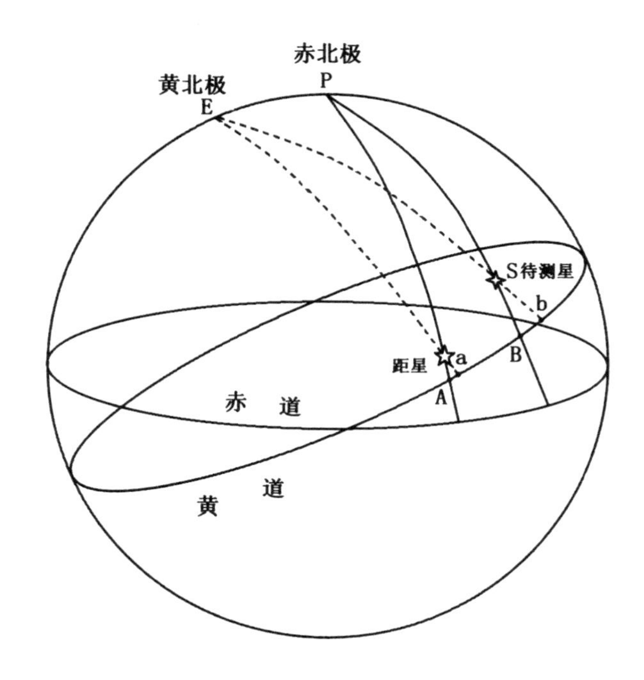

图 4-4　黄道坐标系

2. 距星的建立和变迁

上一节介绍坐标系时涉及距星和距度，这是建立坐标系必须具备的基础。安徽阜阳出土汉初夏侯灶墓式盘，盘载二十八宿名及距度。经过核对，与《开元占经》二十八宿所载古度基本相合。有关石氏二十八宿的距星，在《开元占经》中则有明确的记载，现将潘鼐先生整理后的石氏二十八宿距星表引述如下（见表4-1）:

表4-1 石氏二十八宿距星表

四方	宿名	星数	距星（《开元占经》载）	距星今通用名	备注
东方七宿	角	2	左角星	室女 α	后称南星
	亢	4	西南第二星	室女 κ	
	氐	4	西南星	天秤 α^2	
	房	4	南第二星	天蝎 π	
	心	3	前第一星	天蝎 σ	后称西第一星
	尾	9	西第二星	天蝎 μ^2	
	箕	4	西北星	人马 γ	

续表 4-1

四方	宿名	星数	距星(《开元占经》载)	距星今通用名	备注
北方七宿	南斗	6	魁第四星	人马 φ	亦称杓第三星
	牵牛	6	中央大星	摩羯 β	
	须女	4	西南星	宝瓶 ε	
	虚	2	南星	宝瓶 β	
	危	3	西南星	宝瓶 α	后称南星
	营室	2	南星	飞马 α	
	东壁	2	南星	飞马 γ	
西方七宿	奎	16	西南大星	仙女 ζ	
	娄	3	中央星	白羊 β	
	胃	3	西南星	白羊 35	
	昴	7	西南第一星	金牛 17	后称西南星
	毕	8	左股第一星	金牛 ε	后称毕口北星
	觜觿	3	西南星	猎户 φ^1	
	参	10	中央西星	猎户 δ	
南方七宿	东井	8	南辕西头第一星	双子 μ	后称西北星
	舆鬼	5	西南星	巨蟹 θ	
	柳	8	西头第三星	长蛇 δ	
	七星	7	中央大星	长蛇 α	
	张	6	应前第一星	长蛇 ν^1	后称西第二星
	翼	22	中央西大星	巨爵 α	
	轸	4	西北星	乌鸦 γ	

对上表需略作说明。这二十八颗距星在星表上是哪颗星？它们相当于现今国际通用的星座中的什么星？这是很重要的。如果对错了号、坐标变了，其结果就大不相同。通过核对可以发现，古籍记载可能偶有出入，这大都是抄刊中的笔误，制表时已经作了改正[①]。

但其中也有若干距星，明末耶稣会士参与工作以后，则发生了主观变动。例如，奎宿西南星、觜宿西南星等的取舍都出现过问题，表中已作出订正。

有的读者可能对上引表中的距星编号仍然感到抽象，缺少实感。为了弥补这一缺憾，今再引冯时《中国天文考古学》所载中国二十八宿图，以便对照参考[②]（见图 4-5）。

对以上距星的位置细加分析可以发现，各宿之间的距度大小不等，存在巨大的差别，最大距离可达 33 度，最小 1 度。随着岁月的变化，距度甚至出现负数。古人选择距星、配制距度时，为什么会产生这么大的差距，这是学者长期感到困惑的问题。

为了解答这种困惑，人们试用当度说和对耦说来

---

① 潘鼐：《中国恒星观测史》，上海：学林出版社，1989 年，第 12 页。

② 冯时：《中国天文考古学》，北京：社会科学文献出版社，2001 年，第 26 页。

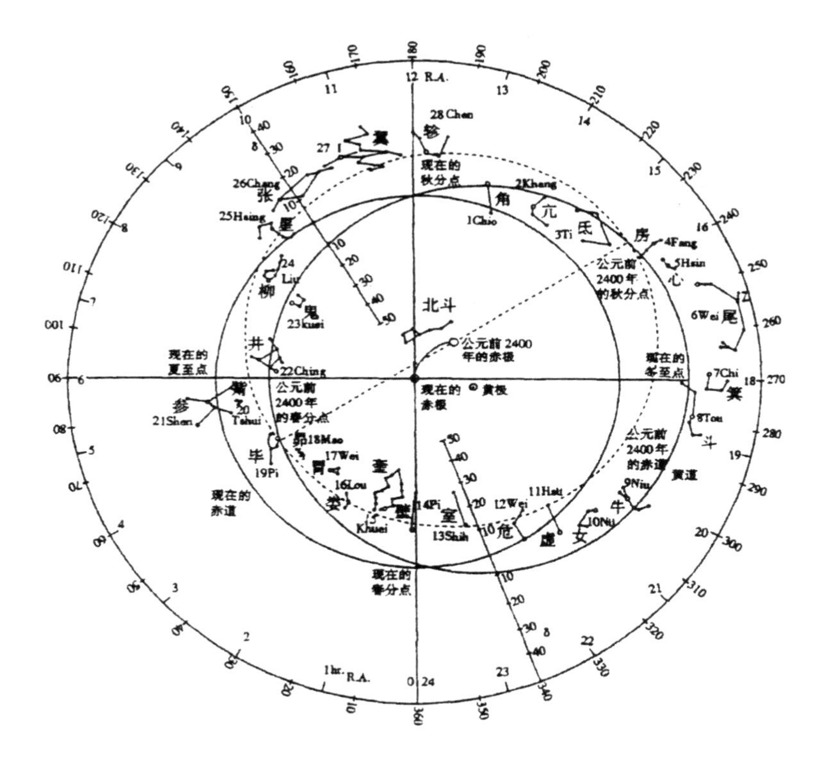

图 4-5　二十八宿距星示意图

解释。所谓当度说，是指这些距星之间的赤经差正好位于整数度上，这样，计算起来就会方便得多。并不是所有恒星的赤经差都是整数，为了做这样的选择，才造成距度大小不等。这是北宋天文学家沈括在《梦溪笔谈》中提出来的观点。但是分析这些距星，没有任何证据可以证明它们之间正好为整度。上古文献中作整数度的记载，那是测量不精的结果。

近代很多学者都主张对耦说，潘鼐还专门列出一张距星耦合表，用以支持二十八宿距星之间存在耦合的现象，今引述如下（见表 4-2）：

表 4-2　二十八宿古今距度耦合表

耦合宿名	古度耦合误差	今度耦合误差
角奎	-5	-7
亢娄	-5	-3
氐胃	0	0
房昴	-6	-1
心毕	+2	+5
尾觜	+6	+16
箕参	+3	0
斗井	+2	-2
牛鬼	+9	+5
女柳	+5	+1
虚星	+13	+4
危张	+12	+1
室翼	+14	+2
壁轸	+9	+4
平均	6.5	3.6

对上表略作分析可知，古度对耦合的误差比较大，达6度以上。在14对中，超过5度的有7对，而石氏宿度的耦合误差只有3度余，差别较小。由此可以看出，古人对二十八宿距星的选择可能确实需考虑到对耦的关系，致使各宿距度出现较大差异。

尚需指出的一点是，石氏耦合差中除尾、觜差达16度外，其余均在7度以下。这表明人们对尾宿距星的选择出现了问题。

3. 古度和今度之谜

《开元占经》用小注的形式引载了刘向《洪范五行传》的二十八宿古度。刘向（前77～前6年），汉元帝时人，《洪范五行传》是其领校中五经秘书时写成的。《洪范五行传》早已失传，现存有清代人的数种辑本。刘知几《史通》说（班史）“《五行》出刘向《洪范》”。即《汉书·五行志》便是吸收和引用了刘向的工作。可见刘向《洪范五行传》的观念对后世影响之深。

《开元占经》引载《洪范》古度的数值与汉太初以后所常用的数值有很多是不同的，所用二十八宿星名也有差异，它原来是秦及汉初行用的颛顼历，以及战国时行用的二十八舍星分度，而在汉太初以后被废弃不用者，故称古度。《洪范五行传》是记载古度的唯一文献，人们通过它才逐渐了解到，在西汉以前，除了人们所熟知的二十八宿距度以外，还存在另外一套距度系统。

1977 年 7 月，安徽阜阳发掘出西汉初年汝阴侯夏侯婴袭爵之子夏侯灶之墓，墓中出土天文圆盘一副，分上下两块。上盘中部刻北斗七星，有十字交叉线通过中心孔。四周密布小圆点，构成一圈 365 度。下盘边缘刻二十八宿星名及宿度。其不等间距的宿名、宿度值正与上盘周边小圆点对应相合。盘上的宿度值刚出土时是完整的，不幸后来略有残损。经核对，其宿度与刘向《洪范传》古度基本一致（见图 4-6）。

据文献记载，夏侯灶卒于公元前 165 年。另据同时出土的太乙九宫占盘记载的年份为公元前 173 年。可得到相互印证。若以前 173 年计，它比《淮南子》成书年代要早二三十年。

盘上所载宿度，与《洪范传》相比，有十六宿完全相同，心、危、奎、井、星五宿略有出入。此外，《开元占经》刊载《洪范传》漏亢、参两宿。而圆盘则残缺角、氐、张、翼、轸五宿。经分析研究，可以根据这两份资料补齐、补正二十八宿古度的数值，并修

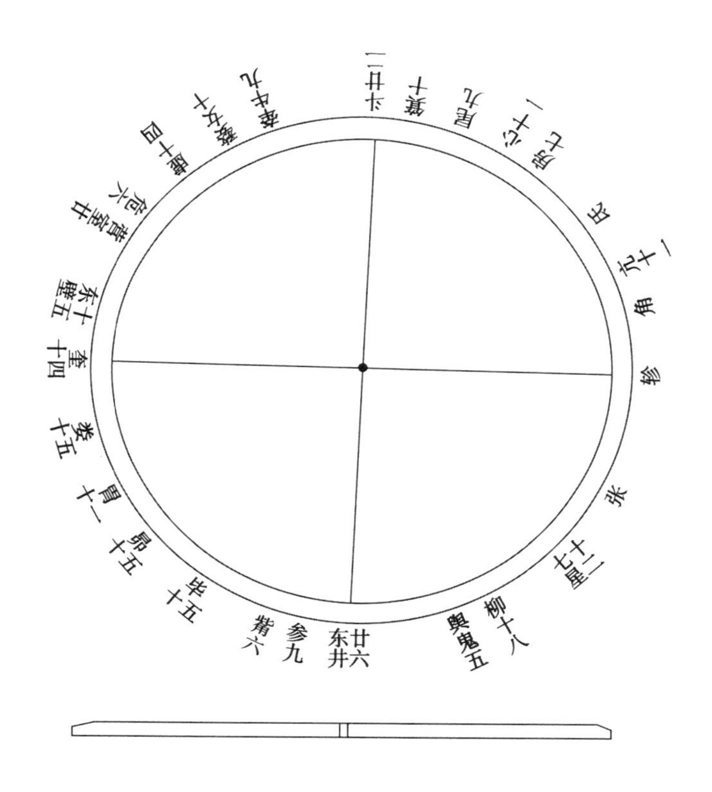

图 4-6　夏侯灶墓出土二十八宿圆盘示意图

（上图为下盘正面、下图为下盘侧面）

正两份资料中偶尔书错的度数，现将潘鼐对二十八宿古度的整理结果引载如下（见表 4-3）：

表 4-3　二十八宿古度校正表

四方	宿名	《洪范传》古度	圆盘宿度	古度取定值	取用距星通用名
东方七宿	角	12	□	12	室女 α
	亢	（缺）	11	10	室女 κ
	氐	17	□	17	天秤 α^2
	房	7	7	7	天蝎 δ
	心	12	11	11	天蝎 τ
	尾	9	9	9	天蝎 κ
	箕	10	10	10	人马 ε
北方七宿	南斗	22	22	22	人马 ζ
	牵牛	9	9	9	摩羯 α^2
	须女	10	10	10	宝瓶 ε
	虚	14	14	14	小马 α
	危	9	6	9	飞马 θ
	营室	20	20	20	飞马 α
	东壁	15	15	15	仙女 α
西方七宿	奎	12	11	12	仙女 β
	娄	15	15	15	白羊 β
	胃	11	11	11	白羊 41
	昴	15	15	15	金牛 17
	毕	15	15	15	金牛 α
	觜觿	6	6	6	猎户 φ^1
	参	（9）	9	9	猎户 α
南方七宿	东井	29	26	29	双子 γ
	舆鬼	5	5	5	巨蟹 θ
	柳	18	18	18	长蛇 δ
	七星	13	12	13	长蛇 ι
	张	13	□	13	长蛇 μ
	翼	13	□	13	巨蟹 δ
	轸	16	□	16	乌鸦 γ

将古度的宿名与宿度考定之后，我们便有条件将古度与石氏和甘氏二十八宿作一比较。

将古度与石氏相比，有两点值得注意。首先，其宿名几乎完全相同。其中一个很重要的原因是秦用颛顼历，夏侯灶圆盘出土于使用颛顼历的时代和地区。汉承秦制，这个古度宿名当出自秦，太初历是在颛顼历的基础上修订的，其二十八宿宿名相同或接近是正常现象。第二个值得注意的是，二者的宿度除角宿和参宿相同以外，其余二十六宿均不相同。可见二者的差距是很大的。

由于石氏宿度与古度存在着巨大差异，这就使我们联想到另一个系统的甘氏二十八宿。稍作分析后即可得出结论，古度二十八宿不属于甘氏体系，其二者的差距更大。将甘氏与石氏星名作比较即可知有八宿不同，除四个星名可能只是星名有异以外，其余石氏的斗、觜、井、鬼与甘氏的建星、罚、狼、弧明显地不属于同一个星座。另外还有星宿名称排列倒置的问题。故甘氏二十八宿一定比古度和石氏更古老。

4.《步天歌》对二十八宿性能的改造和发展

本节要介绍的是中国星座的分类和排列方式。二十八宿的主要功能是构成中国星空的特殊坐标。除此之外，还有什么功能呢？这个功能就是起到中国星座的排列和组织的作用。

系统介绍中国星座的书首见于《史记·天官书》，它将全天星空分为中、东、南、西、北五宫，来分别予以介绍。《天官书》所涉及的中国星座还不多，尽管如此，它对中国星座的划分和介绍还是非常混乱的。如果有《晋书·天文志》那么多星座让它介绍，就不知如何是好了。

《晋书·天文志》和《隋书·天文志》中的“经星”都是介绍全天星座的，同为李淳风所作。核对二志经星文字，绝大多数相同，应为同一篇文章，偶有缺漏，当为后世刊刻之误。它们对全天星座的介绍方法为之一变，将全天分为中宫、黄道北、二十八宿、黄道南四部分，全部作横向切割，而以二十八宿南北为界。中宫就是紫微垣，大致为北极附近恒显圈的星座，就这点而言，与《天官书》几乎没有差别。

这二志的经星，除紫微垣以外，开始有了太微垣、天市垣三个天区的分法。然而，后两个天区并未与紫微垣同等对待，作单独排列，而是混同在普通中官之中。这样介绍全天星座的方法显得散乱、割裂而没有严密的统一组织，也不容易记忆和分类。此二志对中国星座分区的变革，可算是中国星空分区发展过程中的一种尝试，是变革中间的一个阶梯。

隋丹元子作《步天歌》，对全天星座用七字歌诀的形式，又作出新的规划和分区。它将全天划分为三垣二十八宿，计三十一个天区，各自独立地对它们予以介绍。而对二十八宿，又从纵向分割为东方、北方、西方、南方四组，可算是组织得十分严密。

除紫微垣以外，又将太微垣、天市垣分割出来作为星空中的三个独立的大区，这不仅在星空面积上是互相对等的，均位于黄道以北的北极附近，而且从全天星官的政治机构组织说，也就更加完整。紫微垣是天帝的后院，是天帝的家庭和后妃子属居住的地方；太微垣是全国的行政中心，是天帝与大臣们处理行政事务的政治中心；天市垣是天帝统治下的全国贸易市场。自从《步天歌》将三垣作为星空中三个独立大区之后，便立即得到天文学家的采纳和应用，由此新的星空分区便流传开来。太微垣、天市垣独立分出以后，黄道从此剩余的星座就不多了，介绍和认识起来也就容易和方便得多。

《步天歌》对全天星空分区更重要的革新还在于将全天星空，像沿着南北极切西瓜那样，分割成二十八个天区。通过各宿距星赤经范围内的星座也就界线分明，各个星座都有归属，各星宿和宿内星座之间的关系就如军队中的班长和士兵那样十分密切。例如，角宿十二度含平道等十一个星座，原星四十五颗，增星五十颗。亢宿九度含大角等七个星座，原星二十二颗，增星三十二颗等等。尽管由于岁差的关系，各宿所含星官也曾发生微小变化，但大多数星官与星宿的归属关系，都是固定不变的。星官与星宿之间的归属关系固定，星座间的组织结构也就严密。

5. 我所理解的“分野”

中国古代有一种“分野”的说法。据《辞海》，分野本指周天子分封给诸侯的境域，包括有建筑物的城邦和没有建筑物、只有土地的疆域，后借用为分界、界限的代称。这是中国古代星占术的一种概念。

古人认为地上各州郡邦国和天上一定区域相对应，在该区域发生的天象预示着各对应地方的吉凶。大约起源于春秋战国时代，最早见于《左传》《国语》等书，其所反映的分野大体以十二次为准，所载最早的天象故事是武王伐纣。据记载，武王伐纣这一天的天象是岁在鹑火，因而周对应的天象为鹑火。战国时也有以二十八宿来划分天区的，见于《淮南子·天文训》等。后又因十二次与二十八宿互相联系，从而两种分野也在西汉之后逐渐协调互通。分野纯属迷信，所谓天地间的对应关系全由人为规定，历代各家参差出入是必然的。今以《晋书·天文志》中“十二次度数”与“州郡躔次”两节所载列表如下（见表4-4）：

表4-4　十二次、二十八宿与州郡分野对应表

十二次	寿星	大火	析木	星纪	玄枵	娵訾	降娄	大梁	石沈	鹑首	鹑火	鹑尾
二十八宿	角亢氐	房心	尾箕	斗牛女	虚危	室壁	奎娄胃	昴毕	觜参	井鬼	柳星张	翼轸
分野	郑	宋	燕	吴越	齐	卫	鲁	赵	魏	秦	周	楚
	兖州	豫州	幽州	扬州	青州	并州	徐州	冀州	益州	雍州	三河	荆州

一次为 30 度，而每十二次为一周，一个二十八宿为一周，但其中的“分野”则代表文化圈，而没有度数的观念。如周的分野为三河地区，在二十八宿来说为“柳、星、张”三宿，在十二次为“鹑火”；楚的分野为荆州，其对应的二十八宿为“翼、轸”，对应的十二次为“鹑尾”；秦的分野为雍州，其对应的二十八宿为井宿和鬼宿，对应的十二星次为“鹑首”。其余类推。

因此，周的分野包括柳、星、张三宿，由此可知，周的分野属于南方七宿。而在南方七宿中，井宿和鬼宿在分野中属秦，是南方七宿中的带头星宿。这样，加上中间星宿柳、星、张与末尾星宿翼、轸，合在一起才成为南方七宿中自鹑首至鹑火和鹑尾七宿。

附：二十八宿分野古今

角亢　为郑的分野，属兖州，对应于今河南省中部平顶山、许昌一带。

氐房心　对应于宋国，豫州，相当于今天河南省东部商丘，安徽省北部亳州、宿州、蚌埠、淮南，山东省南部菏泽、济宁及江苏省西北部的徐州等地。

尾箕　燕之分野，为幽州，包括今北京市、天津市、山西省东北部、河北省北部、辽宁大部及朝鲜民主主义人民共和国大部。

斗牛　对应于吴国和越国的分野，属扬州，包括今江苏省南部、安徽省中部及南部、浙江、江西、福建、广东、广西及越南北部。

女虚　为齐的分野，属青州，相当于今天的山东省大部。

危室壁　卫国的分野，属并州，系指河南省北部的安阳、濮阳、鹤壁、新乡、焦作一带。

奎娄　鲁之分野，属徐州，包括山东省南部的枣庄、临沂等地及江苏省北部的连云港、宿迁、淮安一带。

胃昴　为赵之分野，属冀州，含今之河北省南部石家庄、衡水、邯郸一带，山西省北部、中部及东南部的太原、阳泉、长治等地，内蒙古河套地区呼和浩特、包头、鄂尔多斯等地。

毕觜参　对应魏的分野，属益州，具体区划包括今天的山西省西南部及河南省郑州、开封、周口、漯河等地，四川省成都、广汉、乐山、凉山，重庆市及陕西汉中、贵州、云南一部分地方。

井鬼　为秦国分野，属雍州，今陕西省、甘肃省、宁夏回族自治区一带，还包括四川、重庆、云南、贵州大部。

柳星张　周的分野，三河地区，今河南省洛阳、偃师、巩义等地。

翼轸　对应于楚的分野，属荆州，相当于湖北、湖南大部，河南南部及安徽、贵州、广东、广西等省（自治区）的一部分。

第五章

几个著名的二十八宿星占故事

1. 分野观念指引下地区和民族的吉凶观念

本书不是专门研究和介绍中国星占的书。中国星占虽然有各种不同的门派，也在不断改进和发展，但其基本特点和基础是不会改变的。笔者在《帝王的星占——中国星占揭秘》一书中介绍了中国星占具有天地人互相对应、以军国帝王为中心和占变不占常的三大特点[①]。

而有关天地人互相对应的特点，是建立在黄道带的四方星宿对应于中国四方民族分布的基础之上的。以龙为图腾的东夷民族，他们分布于中国的东部。以

① 陈久金：《帝王的星占——中国星占揭秘》，北京：群言出版社，2007年，第5-29页；又见《中国星占揭秘》第一章，台北：三民书局，2005年。

虎为图腾的西羌族更为繁杂，他们广泛地分布于中国的西部地区，逐步向东、向西南发展。据传，黄帝族的姬姓、炎帝族的姜姓，和西南彝族等少数民族都是他们的后裔，故直至今日，在彝族中仍可找到虎崇拜的痕迹，这就是曾广泛地分布于中国西部的西王母形象总是带有虎象的道理所在。南方少昊族和荆蛮族以鸟为图腾，更有着众多的文献基础，这便是秦楚民族的先祖，载在史籍。北方的夏民族以龟蛇为图腾，他们以颛顼和鲧为自己的先祖，曾经建立起华夏地区第一个强大的夏王朝。夏朝消亡之后，其一部分后裔融入北方匈奴，大部分融入华夏民族，而南方的越人以夏人为自己的先祖，故有“越奉夏祀”的古老记载。

这一历史事实成为中国古代天文学家建立天文地理分野观念的基础。天文地理分野也称恒星分野，在《淮南子·天文训》《史记·天官书》《晋书·天文志》《开元占经》等书中，都有详细的记载，《天官书》曰：

> 角、亢、氐，兖州。房、心，豫州。尾、箕，幽州。斗，江、湖。牵牛、婺女，扬州。虚、危，青州。营室至东壁，并州。奎、娄、胃，徐州。昴、毕，冀州。觜觿、参，益州。东井、舆鬼，雍州。柳、七星、张，三河。翼、轸，荆州。

对以上分野，需稍作说明如下：

东方苍龙七宿中的角、亢、氐三宿对应于兖州，古时的兖在郑、陈之地，相当于战国韩国之地。这三宿对应于苍龙之首，郑、陈之国之民为东夷之后裔。房、心二宿对应于宋国的豫州，为东夷先民阏伯的后裔所在之地，房、心二宿为苍龙的身躯。尾、箕二宿对应于燕国的幽州。尾为苍龙之尾，箕为东夷人建立的商王朝忠臣箕子的封国，位于燕国之内，故尾、箕二宿对应于燕国幽州。

北方龟蛇七宿中的斗宿对应于江州、湖州，即江西、安徽之地，属越人的分布区，越奉夏祀，夏在中国的北方，故斗为龟蛇之首。牵牛、婺女对应于扬州，亦为越人之地，同属龟蛇之首。虚、危二宿对应于齐国，青州，为龟蛇之身。室、壁二宿对应于卫，并州，为龟蛇之尾。古时的夏人确实分布于中国的北方，故南北朝时和北宋时在中国北方建有夏国和西夏国。但并州实属何地，后人已难分清。青州原名营州，原为齐国的都城。笔者以为，北方七宿中的营室之营，实源于齐国都城营丘。山东还有三危山之名。由此可见，北方七宿中的危宿、营室可能与山东之地域和民族分布有关。曾侯乙墓箱盖上将营室东壁书为西萦、东萦，也许更可说明这一点。西萦、东萦者，萦丘之西、之东之地也。将营室理解为营造宫室，这是后人的误解。

奎、娄、胃三宿对应于鲁国徐州。鲁为姬姓周宗室建立的国家，是周文化的中心，周民族是黄帝族的后裔，故作为白虎之首。昴、毕二宿对应于赵，冀州，对应于白虎之身。但是也有不同的分法，如《乙巳占》就说“奎娄，鲁之分野；胃昴，赵之分野；毕觜参，晋魏之分野”。这一分法更合于实际，毕宿之毕，实源出于魏国的开创者毕万，将它对应起来才合理。对于觜、参对应于益州之说，古人没有解释，其实，西南地区的益州正为西羌人的聚居地，将白虎尾对应于益州，正好合适。

南方七宿中的井、鬼二宿对应于南方朱雀之首。周王朝东迁之后，雍州之地成为秦人的根据地，秦为伯益的后裔，以鸟为图腾，故天文学家将其作为南方朱雀之首。井人也是伯益的后裔，故将南方七宿的第一宿命名为井。鬼宿原出于鬼方之名，鬼方原出于西羌，然被秦征服之后，已属南方朱雀之分野。周王朝东迁之后，失去了自己的根据地，同时也失去了自己固有文化，寄居于鸟民族的聚居地三河地区，故属于南方朱雀的身躯，与柳、七星、张相对应。荆楚原属荆蛮之地，他们亦以鸟为图腾。后为楚国占有，故翼、轸为朱雀之尾，对应于楚，荆州（见图 5-1）。

从以上介绍可以看出，中国境内分布于不同地区

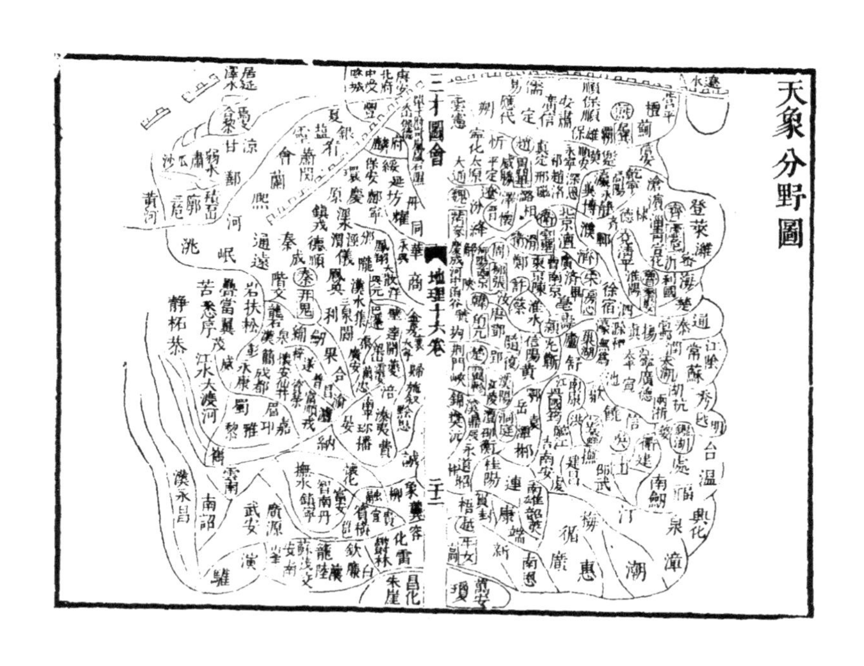

图 5-1　天象分野图

（引自《三才图会》。分野说是中国星占术的一种基本观念，它认为地上有各州、郡，天上也有其对应的星空。）

的民族大都以龙虎龟蛇鸟作为自己的图腾，人们把这些民族的图腾连同国名、地区名都搬到星空中，置于对应方位作星名。这样，星空中的星名与地上的民族和地区的人民就建立了对应的关系，星占家正是利用这种对应关系，借助于星空中出现的异常天象的凌犯，来预言相应地区和人类休咎的。以下笔者将用若干具体典型的实例说明这种对应关系。

中国星占以异常天象对恒星的凌犯为星占的内容。日、月、金、木、水、火、土、彗星、新星、流星、日食、月食等都为异常天象。当这些异常天象出现在某个恒星附近时，便称为凌、犯、守、掩等。这些异常天象都各有自己的本性，这些本性对被凌犯的地区所造成的影响是各不相同的。

被凌犯的恒星中，又可分星官和二十八宿两类。星官被凌犯象征着天帝及其家族、百官及各种政府机构等受到凌犯，相应的对象就将产生灾殃。对二十八宿及与分野有关的其他星座的凌犯则是对国家相应的地区和民族、人民的凌犯，这些相应的地区和人民就将遭殃。所以，对不同恒星的凌犯所产生的结果也是大不相同的。

以往介绍星占的书籍在介绍中国星占时，大都以介绍凌犯对象分类，例如，以日占、月占、日食占、月食占、五星占、彗星占、客星占、流星占等分类。我们这里只介绍二十八宿对中国星占的功能。因此，这里不再以异常天象的凌犯分类，而是仅介绍与二十八宿有关的著名星占故事，与二十八宿无关的星占故事也就不再涉及了。正因为这样，本书在介绍九个星占故事时，就不再以异常天象的顺序为序列，而是以二十八宿的顺序排列。

二十八宿既与分野有关，这些星宿就与具体的地区相对应。中国的各个地区的重要性各不相同，有的位于政治中心，是都城所在地，改朝换代与它直接有关。有的则属边远地区，对政治的影响相对较小。朝代不同，国家不同，都城所在地也不同，故发生的星占故事也不同。正因为这样，在中国星占发展历史上才演绎出各种有声有色、丰富多彩的星占故事来。

在九个故事中，两个发生在心宿，可见心宿在分野观念中的重要地位。心宿对应于宋国，对应于天帝，在五行中也对应于火，故对心宿至少有三种解释。有三个发生在斗宿，斗宿即南斗，它对应于江南的苏皖浙赣地区。南斗与北斗相对应，又是中国历法历元的起始点，故也十分重要。有一个在营室，营室对应于并州，但也可解释成帝王的离宫，故也与帝王有关，相传当年的吕后就是这样理解的。有一个对应于实沈，实沈是十二星次之一，对应于觜宿和参宿，在分野上对应于晋国和魏国。这个星名有点怪，它实由于《左传》《国语》所载高辛氏二子的故事。长曰阏伯，次曰实沈，故大火为商星，参为唐人之星。有三个故事与东井相对应，东井对应于关中，故曰秦分。中国古代有很多朝代建都关中，可见其地位之重要，从而也与星占关系密切。

2. 彗星犯大辰

——子产拒绝用玉禳灾的故事

彗星是著名的凶星，它能给人们带来各种灾难。人家娶了一个不好的媳妇，导致家庭出现灾难，就归罪于它，称之为扫帚星。

石氏论彗星曰："一名孛星，二名拂星，三名扫星，四名彗星，其状不同，为殃如一。其出不过三月，必有破国乱君、伏死其辜。余殃不尽，当为饥、旱、疾、疫之灾。"文颖注《汉书》也曰："孛，彗星，多为除旧布新，改易君上，亦为火灾。长星多为兵革。"

因此，古人认为彗星的出现能给人们带来各种灾难。首先，在政治上它有扫除的功能，即将旧有的、腐朽的政权扫除消灭，有改革政治、改朝换代的功能。所谓破国、乱君、死王，也是国家遭殃的另一种象征。

彗星的出现给人类社会也会带来深重的灾难，如兵灾、水火、旱灾、疾病、瘟疫、火灾等。这是给人类社会带来普遍性的灾难，与改朝换代和君王受难有别。

彗星为害的性质与其凌犯的性质有密切的关系。彗星的凌犯就是指彗星出现和扫过的星座。彗尾扫过的星座就是受灾的对象。如果扫过二十八宿中的某些星宿，那么其所对应的地区就有可能发生动乱、兵灾、水旱灾害和疾疫等。如果彗尾扫过了紫宫、太微等，那么王权和帝王也就非遭殃不可了。

例如，《左传·文公十四年》曰："有星孛于北斗。周内史叔服曰：'不出七年，宋、齐、晋之君皆将死乱。'"即公元前613年，有一颗彗星出现在北斗星的位置，北斗为帝王的象征，故周王的内史叔服便预言说，在七年之内宋、齐、晋三国的国君都将死于混乱之中。其后的历史果然应验了这件事。彗星见后的第三年，宋昭公被宋襄公夫人指使凶手杀害；第五年，齐懿公被杀；七年，晋灵公被赵穿杀死在桃园。

叔服凭什么作此星占上的预言？他没有加以说明，我们也难以从星占理论上找出十分确切的依据，只能从总的方向来说，彗星是除旧布新之象，更改君主，当是大势。除旧，即除去污秽之象。那么，宋、齐、晋三国国君将死，主要是从这三个国家王宫之内部已经显现出秽行来判断的，不预言秦、楚而判断宋、齐、晋，这是星占家所掌握的秘密。历史记录正好表明了这一点。

据《史记·宋世家》记载，宋襄公夫人干预朝政，并且长期与公子鲍乱伦，其秽闻已经充斥朝野，迟早会危及国君的安全。而齐懿公的行为更是荒唐，其为人骄而民不附，夺庸职妻而使之御，致使被杀车上。晋灵公更是昏庸无道之君，曾从台上弹人取乐；因熊掌未煮烂而怒杀宰夫；又数拒谏言，而终于被杀。大约正是叔服得知宋、齐、晋三侯均有秽行，联系到彗星出现，才作出这样的预言。正是这条史料成为后世星占家广为引用的证据。

《左传·昭公十七年》（公元前525年）记载了一次彗星曰："冬，有星孛于大辰，西及汉。"即该年冬天出现了这颗彗星，位于大辰即大火星附近，它的尾巴向西（东）扫到了银河的边沿。对于这颗彗星的出现，当时有三位星占家都曾发表过议论。

申须曰："彗所以除旧布新也。天事恒象，今除于火，火出必布焉。诸侯其有火灾乎？"

梓慎曰："往年吾见之，是其征也。火出而见，今兹火而章，必火入而伏，其居火也久矣，其与不然乎？……若火作，其四国当之，在宋、卫、陈、郑乎？宋，大辰之虚也；陈，大皞之虚也，郑，祝融之虚也，皆火房也。星孛及汉，汉，水祥也。卫，颛顼之虚也，故为帝丘，其星为大水，水，火之牡也。"

裨灶言于子产曰："宋、卫、陈、郑将同日火，若我用瓘斝玉瓒，郑必不火。"

对于这三个人的言论，须稍作解释才能明白。申须为鲁国大夫，这一点是明白的，对于这一次彗星出现在大火星附近，并且往东接触银河这一天象对应出现的具体灾殃，他的解释是诸侯国将有火灾。这是彗星出现在大火星附近所显现出的具体征兆。为什么彗星出现在大火星附近时就将发生火灾？大火在五行中有火的特性，火是火灾的象征，与彗星相遇就将发生火灾。上引文颖“亦为火灾”也就证实了这一观点。

鲁国的大夫梓慎说得更具体。他指出，彗星出现在大火星附近，往年他就曾见过。而这一次的再现，大火星和彗星都很明亮。彗星在大火附近停留久了，就必将发生火灾。火灾发生之时当在五月大火星呈现于天空之时。由于宋为阏伯之墟，陈为太昊之墟，郑为祝融之墟，故均为东方苍龙角亢氐房心之分野。而东去银河的方向为虚危室壁的星宿，它所对应的分野为卫，卫为颛顼之墟。大火与银河正与这四个国家相对应，故可判为四国均有火灾。

如果说梓慎的星占理论有理有据，具有大星占家的风范，那么，裨灶的言论就像江湖术士，类似于巫师和骗子之列。他真正所关心和想要得到的是那几件玉器。上古时的玉器非常珍贵，常常价值连城，只有贵族才能用得起它。这三件玉器分别是：瓘即圭，是用于祭祀和朝拜用的礼器；斝为玉制的饮酒用的杯子；瓒为玉杓，即玉制的盛酒器。

正是由于这些玉器珍贵，裨灶以玉器禳灾的理由又不可信，故子产拒绝了裨灶的要求。到了第二年五月，没想到这些国家果真发生了火灾。在数日之内，宋、卫、陈、郑相继都来报告火灾。裨灶看到星占之辞应验了，便说："不用吾言，郑又将火。"

在这种情况下，有些郑国人为裨灶的言论所迷惑，请求子产用裨灶禳灾。子产仍不同意。有一个大臣名叫子大叔的劝子产说："国家的宝物是为了保护人民的。如果再次失火，国家都几乎灭亡了，保存这些宝物又有何用呢？用这些宝物可以救亡，又何必舍不得呢！"子产仍坚持说："天道远，人道迩，非所及也。灶焉知天道？是亦多言矣，岂不或信！"

在子产的坚持下，郑国始终没有给裨灶禳灾，结果第二次火灾的预言再也没有发生。可见星占术士有时为了一己私利也会歪曲星占占辞的。裨灶失败了，子产获得胜利，子产所说"天道远，人道迩，非所及也"，被后代思想家当作至理名言。正如子产所言，裨灶的鬼话说多了，总会猜中一两句的（见图 5-2）。

图 5-2　子产像（引自《三才图会》）

3. 荧惑守心

——朱元璋下罪己诏改革政治

荧惑即火星，是五大行星之一。

人们夜晚仰视星空，看到绝大多数星体之间的相对位置都不改变，除日月以外，还可看到有五颗星沿着黄道附近运动，故称行星。就目视所见，行星只有五颗，故人们分别以五行命之。荧惑为红色之星，故称为火星。荧惑本身的含义是一颗让人难以认识、迷惑不解的星。

荧惑在五星中是一颗著名的灾星。《乙巳占》曰：荧惑"主逆共，主灾旱，主察狱，主死丧"。《洪范五行传》也说"荧惑于五常为礼"，礼亏，"则荧惑为旱灾、为饥、为疾、为乱、为死丧、为贼、为妖言大怪也"。

可见荧惑是一颗普遍施加灾祸于人类社会的灾星。所当之国，国君首当其冲。与其相遇时，该国国君就会发生疾疫、死丧，导致国家动乱等，故人们对荧惑的凌犯尤加注意。当然，国家政治清平，荧惑便会按正常行度运行，即使所当之国也不一定发生灾祸。

荧惑守心的天象是荧惑凌犯诸星座中对社会危害最严重，也是最能引起人们关注的天象之一。所谓荧惑守心，就是荧惑守候在心宿附近。人们对"守"的状态要求并不严格，大至火星守候在心宿之内均可称为"守"。守有停留的含义，很快通过时，从原则上说不能称为守。但是究竟火星在心宿停留多长时间才能称为守，并没有统一的规定，这当然是由星占家所掌握的秘密了。

"荧惑守心"所以是荧惑占中最为重要的占事之一，是由其所犯对象决定的。前已述及，心宿就是天帝的象征，故荧惑犯心，才能对天子和国君造成直接的危害。

《史记·天官书》曰："心为明堂，大星天王，前后星子属。"石氏也有类似的说法："心三星，帝座。大星者，天子也。"这便是为什么"荧惑守心"受到人们特别关注的道理所在。帝王和储君受到危害，整个国家就会遭殃。

在中国古代行星占的记录中，荧惑守心的记录占有很大的比例。凡荧惑守心，其应验都与国君有关，要么帝王死，失帝位；要么就是大臣为变，大臣死，诸侯为乱；要么有兵；要么有旱灾或火灾等。

《史记·宋微子世家》记载了一则宋景公时代荧惑守心的故事。事情发生在公元前480年。当景公得知天空出现了荧惑守心的天象之后，非常恐慌，因为这场灾难，宋国是首当其冲的，心宿的分野正在宋。于是便找来星占家子韦询问。子韦告诉他这个天罚就将发生在他身上时，景公就更恐慌了。不过，子韦告诉景公，这场灾难是可以移祸他人的。例如，可以移祸于宰相、百姓和年成等。景公还算是一位仁慈有爱心的君主，他认为宰相是辅助他治国的，移祸于宰相既不吉祥，也不公道；如果移祸百姓，百姓死了，自己还当什么国君；移祸年成，同样是危害百姓，都不是为君之道。故景公决心自己来承担这场天罚，一死了之。子韦听了景公的决定之后，反而拜倒称贺，说景公不用三种嫁祸于人的方案，“天高听卑。君有君人之言三，荧惑宜有动”。即景公这种至德的表现，必将感动上天，转祸为福。荧惑“果徙三度”。由此读者可以看出，星占家的嘴是多么的圆滑，其实他就是代表了上天的意志。

《汉书·翟方进传》记载了西汉绥和二年（公元前7年）春发生的一次荧惑守心的故事。当时，李寻向翟方进奏记，“上无恻怛济世之功，下无推让避贤之效”，今火守舍，“欲当大位，为具臣以全身，难矣”。汉成帝是个无能之辈，在位日久而一无建树，大权旁落，致使王莽专权而篡位。面对荧惑守心的天象出现，他的表现就差了，为了推卸自己的责任，遂赐册翟方进，加以斥责曰：“惟君登位，于今十年，灾害并臻，民被饥饿”，“何持容容之计，无忠固意，将何以辅朕帅道群下？”把治国失误的责任全推给翟方进，并要他自己审处。翟方进面临官员们“大臣当之”的呼声，正在忧惧不知所措之时，又面临成帝的斥责，不得不于当日就自杀了。翟方进担任相国十年，最后死在荧惑守心这个与人类社会毫无关系的天象上，也是死得冤枉。

明朝的开国皇帝朱元璋也曾因出现荧惑守心而下过罪己诏。《明史·刘基传》曰：“吴元年以基为太史令，上《戊申大统历》。荧惑守心，请下诏罪己。”

这段记事只载明朱元璋吴元年（1367年）任命太

史令的年份，而荧惑守心这条天象记录发生于何时则不明白。《明史・天文志》洪武元年无荧惑守心的天象记录，但洪武二年有“正月乙卯犯房”的记录，疑荧惑守心即在犯房之后。

元至正二十七年（1367年）即吴元年，六月张士诚姑苏城破被灭，其宫中的财宝均为朱元璋军所有。这批财宝却引起了一桩震惊朝野的大案。第二年正月，朱元璋称帝改元，四月出巡汴梁。出巡前，安排丞相李善长主持朝中事务，御史中丞刘基主持御史台工作。临行前，朱元璋给中书省参政杨宪下了一道密旨，许他可以越过中书省便宜行事。

建立大明帝国，李善长功不可没。但自朱元璋称帝之后，在胡惟庸等人的怂恿下，生活奢侈起来。自建相府，府中充有来历不明的张士诚宫中豪华之物。更引人注目的是，旧相府被中书省都事李彬用作勾结李善长长子李祺，充作卖官鬻爵的基地，称为小相府。朱元璋和杨宪都有所耳闻。杨宪得到密旨，以为机会来了，迅速出击，并利用御史台，查出涉案官吏300余人，银数达200余万两。为了查清东吴王遗宝流入小相府的途径，访得富商公羊东，略知一二，便捕来屈打成招，指认70余名官吏与东吴王遗宝有关。

这件案子呈报到朱元璋，他是劳苦出身的皇帝，生活节俭，同情民间疾苦，最痛恨贪赃枉法的官吏，一旦发现，则一律使用残酷的屠杀来惩治。面对官场的贪污腐败之风，刘基并不完全赞同朱元璋用严酷的杀人办法来解决，而是要用一整套官吏管理制度来约束官吏的行为。为此，刘基想到了利用天象示警的办法来提醒皇上，这便是前面提到的荧惑守心。

按《刘基传》的记载，面对这个通天大案，刘基的解决办法是提醒皇上要冷静处理。贪污腐败需要惩治，但要掌握好分寸。所以出现这个大案，与皇上事先缺少督察也有关系，皇上也应承担部分责任，故当下诏罪己反省。这是改革政治、笼络民心的明智手法，朱元璋采取了这个建议。

下诏罪己就是颁布诏书，作自我批评。这个“己”是指皇上自己。颁罪己诏，这是古代封建君主经常使用的政治游戏和手段，是用承认自己行政有失误的办法，许诺要改革政治，以期达到挽回民心的目的。颁罪己诏的办法常用于发生日食之时。这个问题，我们在《中国星占揭秘》一书中已有具体介绍。

董宇峰等在长篇历史小说《刘伯温》一书中也多次利用星占说事，可惜他们没有掌握星占的真谛。他们也注意到《刘基传》所载“下诏罪己”的记载，却作了完全相反的解释，认为是刘伯温请示皇上降罪于刘伯温，罚他回乡反省三个月，由此敷衍出洋洋洒洒数万字的风流韵事。小说不同于历史，我们并不反对历史小说对历史人物的活动作任意编排和改写，但对于星占名词基本常识的理解和古籍文字内容的起码理解则应慎重对待，不能弄出这样的笑话。

4. 荧惑入南斗

——梁武帝赤脚下殿消灾的故事

荧惑为著名的灾星，我们在上一节中已作了介绍，这里首先需要说明的是，为什么这颗灾星进入南斗会引起梁武帝的恐慌?

先说分野，《开元占经》载“分野略例”说:“南斗、牵牛，吴越之分野。”梁国的都城在建康，即今南京市，属吴越之分野。因此，当异常天象凌犯南斗时，梁国将首当其冲，一定会受到灾殃。

次说南斗星宿的性质，《开元占经》引韩扬曰：“南斗第一星上将，第二星相，第三星妃，第四星太子，第五星、第六星天子。”由此可见，南斗六星都对应于以天子为首的主要执政人物，当其受到异常天象侵犯时，天子和国家必然有殃。其余灾殃，也就不一一论述了。

当荧惑入守南斗时，《开元占经》主要引述有如下占语：

《海中占》曰："荧惑守南斗，旱，多火灾。"

《春秋纬》曰："荧惑入南斗，先潦后大旱。"

郗萌曰："荧惑过南斗，出斗上，行疾，天子忧；出斗下，行疾，臣有忧。"

《玉历》曰："荧惑出入留舍斗魁之中，五日不下，天下有兵将军，国易政改元。"

《五行传》曰："荧惑守南斗，为乱，为贼，为丧，为兵。守之久，其国绝嗣。"

陈卓曰："荧惑守南斗，五谷不成。"

由以上占辞可以看出，荧惑入、守南斗，天子、大臣有殃，有兵灾、水灾、旱灾等，尤其是梁国的都城建康是避免不了的。这是梁武帝感到恐慌的主要依据。如果细加分析，占辞还有守和入的区别。守是停留该宿，入是从该宿通过。入还有从上或从下通过的区别。

在《资治通鉴·梁纪》中记载了一则梁武帝因"荧惑入南斗"而导致赤脚下殿避灾的故事。故事发生在中大通六年（534年）四月丁卯这一天。据天象部门报告，被称为罚星的荧惑进入南斗以后，离开了又返回来，共停留了六十天。梁武帝听到民谚说："荧惑入南斗，皇帝下殿走。"于是，便自己赤着脚走下宫殿，做出祈祷消灾的姿态。做了消灾活动之后不久，方才听说北魏的孝武帝逃奔到西部去了。这才正式应验了这次荧惑出南斗导致北魏政权的灭亡，而与梁朝的政治无关。由此证明国家的正统在北魏。于是，梁武帝羞愧自嘲地说："虏亦应天象邪！"

也就是说当梁武帝得知天空出现荧惑入南斗的不祥天象之后，心中很不安，没有听取星占家的意见，就主动地做此消灾举动。其实，下殿走的含义并不是皇帝下殿走走就能消灾，而是指皇帝被赶下皇位。梁武帝明白这个道理，只是做此形式，做出一个消灾的政治姿态而已。事后这个天象导致的灾祸由北魏孝武帝顶替了，梁武帝感到无趣，但结果倒让其欣慰（见图 5-3）。

图 5-3　梁武帝像

5. 斗牛见紫气

——雷焕丰城掘剑而得官

（1）斗牛见紫气的两种解释

在《晋书·张华传》中，记载了一件有关天象的奇闻。当三国鼎立时的吴国即将灭亡之时，斗、牛二宿之间常有紫气出现。紫气是吉祥之气，在星占上的解释是与斗牛对应的分野当出现兴盛之象。

这时晋国已灭掉蜀国，国势更加强大。吴国则危在旦夕。这一天象的出现似与当前政治形势不相符合。正当晋国上下议论灭吴方略之时，由于斗、牛之间出现了紫气，朝中就能否灭吴出现了两种不同意见。一种是由道术之人提出，认为斗、牛之间的紫气象征着吴国正当强盛之时，故不可以进犯吴国，吴国也不可能被灭亡。

这种意见在星占上的依据是，斗牛的分野为吴越之地，如果再依《晋书·天文志》细分，则包括九江、庐江、豫章、丹阳、会稽、临淮、广陵、泗水、六安等。其中广陵即扬州，豫章即江西省南昌及以南地区。这里的章即赣江的古称。因此，这时在斗宿和牛宿之间出现了紫气，对应的分野正是吴国的所在地。而紫气是吉祥之气，正象征吴国强大。这种天象所显现出的征兆确实是不可能被征服的。

另一种解释则认为斗牛紫气与吴国无关。而且这种意见是朝中熟知天象的尚书张华所极力主张的。

（2）张华力主平吴而立功

天象的证据是如此明白，这使得主张平吴的人开始犹豫起来，许多大臣都以为未可轻进而加以反对。正在此时，张华在朝担任尚书，封关内侯。他力主伐吴，得到晋武帝司马炎的支持。张华领导并主持了这场伐吴的战争。由于在伐吴的过程中一度受到挫折，反对伐吴之声又起。有人提议诛杀张华，以追究他力主伐吴的责任。好在司马炎还算是个明白人，他自己承担了战场上受到挫折的责任，保护了张华而没有使他受到伤害。

在晋武帝的继续支持下，在张华等人的坚持努力下，晋国终于伐灭了吴国，完成了统一中国的大业，晋武帝非常高兴，对张华大加表彰和封赏，称其为“典掌军事，部分诸方，算定权略，运筹决胜，有谋谟之勋”。自此名重一时，众所推服。

（3）一场交易，两人得利

这里所说的张华，就是古典名著《博物志》的作者。据记载，张华好学不倦，“图纬方技，莫不详览”。故在他的生活中充满了方术的气味。但他为什么明知当时斗牛之间有紫气，而又力主平吴呢？这并不是张华不相信星占，而只是证明了他比朝中其他大臣更多了一分阅历，对星占术有了更深一层的了解而已。

星占术之所以能为古人笃信而长盛不衰，自有它一套能够自圆其说的理论。模棱两可，一种天象备有两种或三种解说，即是其谋求免除预言失败，得以继续生存的护身符。张华并不是专门凭借星占混饭吃的专职星占家，尚不完全懂得其中的许多具体诀窍。他之所以力主平吴，并且最终获得成功，只是凭借他敏锐的政治嗅觉和判断力：当时吴国十分衰弱，而且内部又不团结，正是平定吴国、实现统一大业的良好时机而不能错过。

当晋国平定吴国成功、张华获得嘉奖之后，人们发现斗牛之间的紫气非但没有消失反而更为强盛。他想弄明白这一天象的道理所在。有一天，他终于找到了一个“妙达纬象”的豫章人雷焕，张华想要与雷焕一起找出明天文、知吉凶的道理所在。有一天傍晚，他便约了雷焕共同登楼观看斗牛间的紫气。雷焕对张华说：“斗牛间出现的异常之气，我已经注意很久了。”张华便问该是何种祥瑞。雷焕回答说："这是宝剑之精气，上达天庭所致。"张华高兴地说："你所说是对的。我少年时，有一位看相的人说我 60 岁时，当位登三事。当有宝剑佩带。可见少年时看相人的话应验了。"

张华问宝剑在何地，雷焕回答说在豫章丰城，即今南昌南面的丰城市。张华继续说："我想委屈你到丰城县去当官，并秘密地寻找此剑，如何？"雷焕答应了他的要求，于是雷焕当上了丰城县的县令。

（4）莫干雌雄剑的再现和消失

雷焕到任之后不久，便从县牢房的屋基下面四丈多深的土中挖出了个石匣子。石匣周围光气非常。打开石匣，匣内装有两把宝剑，一剑题曰"龙泉"，一剑题曰"太阿"。宝剑出土的当晚，斗牛间的紫气便不见了。雷焕以南昌西山岩下之土擦拭宝剑，则宝剑光芒艳发。又以大盆盛水置剑其上，则见其精芒炫目。

雷焕送一把剑和一包土给张华，留下一剑自己佩带。张华得到宝剑，非常珍爱，常置于座侧。张华还以南昌土不如华阴赤土更有效为由，给雷焕写了一封信说："详观剑文，乃干将也，莫邪何复不至？虽然，天生神物，终当合耳。"且以华阴土一斤送给雷焕。雷焕以华阴土擦拭，剑光倍益精明。

有人对雷焕说："你仅以一剑送张华，留下一剑自佩，难道张公可以欺骗吗？”雷焕回答说：“本朝将乱，张公当受其祸。此剑当系徐君墓树耳。灵异之物，终当化去，不永为人服也。”惠帝永康初年（300年），张华为赵王伦所杀，其剑不知所终。雷焕死后，其子雷华为州从事，一次其佩剑掉入水中，也亡而不存。雷华叹张华“终当合耳”和其父雷焕“终当化去”之说都应验了。

统观丰城剑气的故事，张华既信星占，又疑斗牛紫气之不验。至于雷焕其人，很可能仅是混迹江湖术士中的一个骗子。所谓丰城剑气，只是以星占为幌子设置的一个骗局。如果真的挖出了宝剑，那只是雷焕从中捣鬼。在《博物志》卷六《器名考》中确实载有龙泉、太阿两剑，云吴王使干将作。范宁校正云：“龙泉当作龙渊。”

星占术并无科学依据，所用占辞也只是上古累代逐渐附会而成。占辞只是星占家借以支持和参与社会政治活动的一种工具。占辞中的含糊其词、模棱两可的说法为星占术士左右逢源提供了机会。而对当前政治形势的洞察与否、对人心背向的了解才是作出正确决断、取得成功的基本保证。

6. 岁镇守斗牛，彗星见东井

——苻坚不纳众议导致淝水之战败亡的悲剧

（1）苻坚不纳众议在淝水之战中败亡

苻坚（338～385 年），十六国时期的前秦皇帝，公元 357～385 年在位。西晋灭亡后，北方军阀割据称雄，形成了五胡乱华的局面。混战中，苻坚强大起来，逐渐统一了中国北方，与南方的东晋政权相对峙。苻坚于公元 383 年召集御前会议，提出征灭东晋的计划，一心要完成统一中国的大业。廷议中，多数大臣都反对南征，太子左卫率（石越）指出，“今岁镇星守斗牛，福德在吴。悬象无差，弗可犯也”。大臣苻融也总结出三条反对南征的意见：其一，岁镇星守在斗牛，这是吴越的福分；其二，晋国君主休明，朝臣用命；其三，秦兵战斗数年，兵疲将倦，有惮敌厌战之意。

会后，群臣上书、面谏数十次。又正好逢彗星出现在东井附近。东井为秦之分野，为秦将灭亡的征兆。但是，苻坚南征的意见已经拿定，他对大臣们说：“吾闻武王伐纣，逆岁犯星，天道幽远，未可知也。……以吾之众旅，投鞭于江，足断其流。”苻坚的这段话，充分体现出其志满骄横的心态。

淝水之战是中国历史上以少胜多的著名战例之一。苻坚出兵九十万南征，东晋集兵八万相对抗。苻坚虽曰兵多，但各怀异志，缺少战斗的思想准备。而东晋之兵虽少，但将士同心协力抗击强敌。东晋大将谢安、谢玄等都是著名的军事家，会战于安徽淝水一带之时，谢玄用计，约秦军撤至淝水之北决战。秦军一退即不可止，晋军乘机追击，秦兵大败，溃兵逃跑之时，闻风声鹤唳，草木皆兵，晋兵乘机收复许多失地。苻坚逃回长安之后，众叛亲离，不久即为姚苌所杀，前秦由此土崩瓦解（见图 5-4）。

图 5-4　谢玄像

苻坚不信星占，本没有什么错误，但在胜利面前盲目乐观，看不到内部孕育着矛盾，不再审时度势，违反了将士们的意愿，一意孤行，犯了兵家之大忌。这就决定了其必然败亡的结果。

（2）苻坚在星占上败亡的依据

先说为什么“岁镇在斗牛，吴越之福”。

前已述及，斗牛的分野对应于吴越，异常天象在斗牛的出现首先影响到的就是吴越地区。因此，这次岁镇斗牛天象的出现意味着对应之地有福了。

首先解释文义。岁就是指岁星，即木星。镇指镇星，也就是土星。至于为什么岁星在斗牛，吴越就有福？这是因为岁星是福星，它正好与火星是灾星相反。《乙巳占》曰：“岁星所在处，有仁德者，天之所祐也，不可攻，攻之必受其殃。利以称兵，所向必克也。”“所在之宿，国分大吉。”就国运而言，镇星与岁星一样为福星。洪迈《容斋随笔·三笔》卷11“镇星为福”条：“世之伎术以五星论命者大率以火、土为恶，故有昼忌火星，夜忌土星之语。土，镇星也。……以故为灾最久，然以国家论之则不然。苻坚欲南伐，岁镇守斗，识者以为不利。《史记·天官书》云：五潢，五帝车舍，火入，旱；金，兵；水，水。宋均曰：不言木土者，德星不为害也。……镇星所居国吉。……镇星乃为大福德，与木亡（无）异。”《隋书·天文志》亦记载：“（开皇）八年二月庚子，填星（即镇星）入东井，占曰：填星所居有德，利以称兵。其年，大举伐陈，克之。”

这就是说，凡是岁镇星所在的星宿，其所对应的分野就是吉利的，是受到上天保佑的。别的国家都不可以进攻它。向它进攻了，自己反而会遭受灾殃。而它都可以向外用兵，进攻时一定能取得胜利。但是，这里所说的岁镇星“所在之宿”对应的国家大吉是有前提的，这个前提便是这个国家当是“有仁德者”，即它应该是一个讲道德、得人心的国家。如果岁镇星所对应的国家失德，当受到天谴，就会用其他形式反映出来。

例如，用“岁星失次”等形式反映。据《开元占经》记载：“甘氏曰：邦将有福，岁星留居之。”“荆州占曰：岁星所居之宿，其国乐；所去宿，其国饥。又曰：所从野有庆，所去兵起。”这里明确地说岁星所在之国“邦将有福”“其国乐”“野有庆”；离去，则“其国饥”“兵起”。因此，古代相信星占的人，面对这样的占辞去进攻吴国，都会有些担心的。

《淮南子·天文训》还有另一种说法：“岁星之所居，五谷丰昌。其对为冲，岁乃有殃。”“五谷丰昌”是有福的一种表现，总之，相应的国家受到岁星守护，肯定是有福祉的，而对冲的国家则有祸殃。何为对冲的国家呢？通常都以首都来判断。东晋定都建康，为斗牛之分野；前秦建都长安，为井鬼之分野。所谓对冲，即与该宿相对之宿，相隔十四宿为对，斗牛的对冲正好为井鬼二宿。可见从星占来分析，当岁星在斗牛之年，前秦进攻东晋，必将遭殃，自取灭亡。

再说“彗星见秦分”，秦国为什么遭殃？

前已述及，彗星是著名的凶星，又名扫帚星，它的出现将扫除一切陈旧、阻碍社会发展的事物。它是改朝换代的象征，是兵灾、水旱灾害、死丧的象征。帝王的兴亡也直接由此显现出来，故是天空中一颗十分显现的凶象，谁见到它，都会感到害怕。

这个灾星所危害的对象，有时也对应于所在分野，如以上所介绍的“彗星犯大辰”，对应的宋、郑、陈有灾。但若直接对应于帝王和朝廷也可以不考虑分野。无论如何，它是一颗十分凶险的星。对于这次的“彗星见秦分”，前已述及，秦分即关中地区，正好对应于前秦国，那么，从“岁镇在斗牛”和“彗星见秦分”联系起来看，这次苻秦不纳众议、强行征讨晋国，其失败和遭殃也就是意料之中的事了。

7. 日食在营室

——吕后预言日食示警于己之谜

（1）诸吕专政与星占家的预言

万物生长靠太阳，太阳向地上的人类和万物提供光和热，人们因得到太阳的恩惠而赖以生存。历代君主都自认为自己对人民是有恩惠的，故常将自己比作太阳，又将皇（王）后比作月亮。从而日食和月食则常被星占家用以判断帝后吉凶祸福的工具。

历代的统治者又常将自己比作天子，即天帝的儿子，意为他是代表天帝意志的，来到民间治理百姓的。因此，他们采取的每一项政治措施总是有它必须颁行的理由，作为被治理的平民百姓，都必须无条件地执行。天子大都为圣人，既然是人，也就有行政失误的时候，故开明的君王或政治家，常用承认某些行政失误的办法来改革政治。

日食是最重要的异常天象之一。天子有缺点，常反映在太阳有黑子等天象上。故星占家报告日中有黑子，帝王也会采取一些改革政治的措施。但更为严重的是日食，本书想通过这则吕后预言日食示警的故事，让读者了解中国星占与日食的关系。

吕后（公元前241～前180年），汉高祖刘邦的皇后，名雉。汉初曾助刘邦灭秦统一中国，在杀韩信、彭越，平定异姓诸侯造反过程中，起到了一定的积极作用，深得刘邦的信任，在大臣中也有威名。

刘邦死后，其子惠帝即位，她掌握了实际政权。因痛恨刘邦爱姬戚夫人，残忍地毒杀了戚夫人之子赵王刘如意。砍断了戚夫人的手脚，挖掉眼睛，将其关在猪圈里，称为人彘，还让惠帝去观看，惠帝说这不是人应该做的事情。惠帝生性软弱，毫无办法制止她这种残暴行为，且体弱多病，从此不理朝政。朝中号令，全出自吕太后。

惠帝的皇后为吕太后的外孙儿。这桩婚姻也由吕后一手促成。为了达到长期控制朝政的目的，她杀害了有子宫女，让皇后抱养为己子。她又残杀了可能危及自己的数名刘氏王，并大封多名吕氏族人为王、侯，并且让吕氏族人控制了南北军。

惠帝死后，皇后抱养之子继位，称为少帝。因少帝怨其毒杀生母，吕太后又毒杀了少帝。吕后四年五月，更立常山王刘义为帝。因太后专制天下，不改年号，直至八年八月吕后去世为止。

吕后专权，星占术士并不支持，有以下三条占语为证：

《史记·天官书》曰："诸吕作乱，日蚀，昼晦。"

《史记·吕太后本纪》曰："（七年正月）己丑，日食，昼晦。太后恶之，心不乐，乃谓左右曰：'此为我也。'"

《洪范天文日月变占》曰："吕氏七年春正月己丑晦，日有食之，既。既，尽也。在营室九度，为宫室中。吕后曰：'此为我也。'明年吕后崩，应也。"

吕太后从星占上推知这次日食的发生由己引起，但是非但不加悔改，更加快了吕氏专权的步伐，直到临终之前，还做出吕氏控制朝政的安排。但由于民心不附吕氏，更加促成了吕氏的灭亡。

（2）吕后以日食自比的理由

发生日食是天子失德的表现，可以应验在君死、国亡上，更可以应验在引起兵灾、天下大乱、死亡、失地上面。发生灾害的性质可以从天象的具体观测判断出来。认为日食从上面开始，是天子行政失误所致；从旁边开始发生，将有内乱、大兵起，有更立天子之兆；从下面食起，是后妃、大臣自恣，行为失律所致。灾变发生的地域也可以从分野上看出来。

所谓天子行政失误，是指行政没有一定的法则而喜怒无常，轻杀无辜，轻慢天地鬼神。日食的深浅即食分大小与灾害的严重程度有关。

如果发生日全食，亡国、更王、死君必居其一。如果发生偏食，则国有失地等。

那么，吕后说吕后七年这次日食咎在自己的理由在哪里呢?

首先，尽管她没有自己称帝，还以少帝作为名义上的皇帝，但一切政治号令全出自太后，又擅自残杀少帝，另立新帝。但另立之后连年号、帝号都不更改，史家都一直以吕后纪元，那么，这时的一切行政责任，便理所当然地由吕后承担。

据前引日食占说，发生日食，大都应验在帝王行政失误上，应验在帝王有咎、失德、大人恶之或皇帝丧、病上。根据这些占语，这次日食一定与自己有关。她在掌握政权时干了那么多恶事，杀了那么多刘氏子孙，上天一定会追究而受到报应的，故她才说："此为我也。"

前引《洪范天文日月变占》说："在营室九度，为宫室中。"这条占语则明确地指出，由于日食发生在营室，所以这次日食就一定应验在宫中，即与帝后有关。为什么说日食发生在营室就一定与帝后有关呢？这是因为营室为帝后的离宫，日食发生在离宫，将与大臣、战争、收成等无关，那么当然就与帝后有关了。而这时吕后集皇帝、后妃的权力于一身，也就只能应验在吕后八年去世之上了。吕后既死，忠于刘氏的大臣倒戈，诸吕被杀，政权回归刘氏，迎取代王为帝，这就是著名的汉文帝。

8. 岁在实沈

——董因预言重耳成功的天象依据

（1）重耳即位时的吉利天象

晋文公重耳（约公元前697~前628年），前636~前628年在位。他是晋国著名的国君之一。其父晋献公为讨爱姬骊姬欢心，废长立幼，致使重耳逃亡在外十九年。逃亡期间历尽磨难，最后终于登上了国君之位。他整顿内乱，改革军队，使国力强盛。又平定周内乱，提出尊王口号，击败楚军，成为春秋五霸之一。

《国语·晋语》记载了一则重耳即位时晋大夫董因与重耳的对话：

董因在黄河边上迎接重耳，重耳问道："我这次回来能够成功吗？"董因回答说："现在岁星正位于大梁星次，这象征着你将成就人事。你继位的元年则在实沈星次，实沈的故地就是晋人居住的地方，晋国因此而兴旺起来。如今正好应合在你的身上，所以没有不成功的道理。当你出逃的时候，岁星在大火星次，大火就是阏伯星，又称大辰。在大辰星是成功的开始，周的远祖后稷据此成就了农事，晋国的始祖唐叔也是岁在大火那一年受封。瞽史记载说：子孙后代继承先祖，如同谷物繁育滋长。因此必定能得到晋国。”

“我作过占筮，得到《泰》卦阴爻之八，这是指天地亨通，小的去，大的来，是一个十分吉利的卦。所以现在到时候了，怎么会不成功呢？你是在大辰星见出去的，是参星见回来的，都是晋国吉祥的征兆。这是上天大历数的起点，成功把握在手，而且一定会称霸诸侯。子孙后代都在仰仗着呢，你就不必担心了。”

《左传》记载了阏伯、实沈两个神话星座中兄弟阋于墙的故事。阏伯对应于大火星次，实沈对应于实沈星次。在十二星次中，大火与实沈相距六个星次。岁星出现在大火星次以后，经过十二年，从大火经过十二星次回到大火，再向前运动六个星次，正好是十九年。重耳于岁在大梁这个星次回国即位，第二年才是晋文公元年。大梁下面一个星次为实沈，故曰实沈这一年为元年。根据以上岁星占事，岁星所居之宿次所对应的国家吉利。故董因说重耳即位年为岁在实沈，而实沈为晋星，均是吉利的天象，重耳必定成功。董因说的这些话，是符合星占理论的。

（2）重耳岁在实沈之年继位成功的道理所在

岁星是一颗福星，凡是岁星所在的星宿，其所对应的分野有福，在这一年诸事顺利。现在要说明的是实沈是什么？

实沈是中国黄道带的十二星次之一。中国古代为了研究日月五星的位置和运动，把黄道带自西向东划分为十二个部分，称为十二星次，其名称依次是：星纪、玄枵、娵訾、降娄、大梁、实沈、鹑首、鹑火、鹑尾、寿星、大火、析木。

《汉书·律历志》载有十二星次起讫度数，它们是和二十四节气相对应的，以十二节气为各次的起点，十二中气为各次的中点，以后一直沿用这种划分原则。开始时，十二星次与二十八宿具有对应的关系，现将其对应关系引述如下（见图 5-5 及表 5-1）：

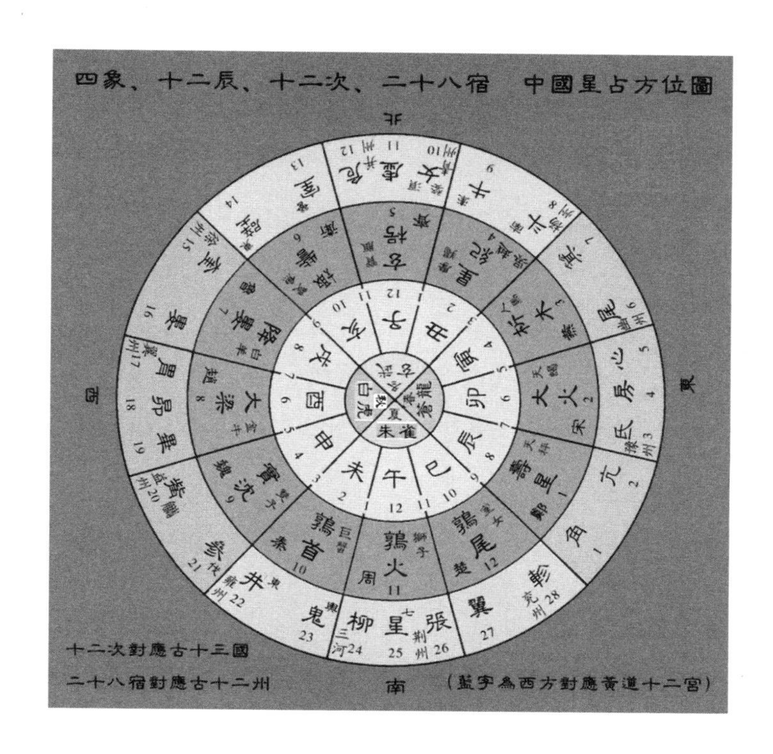

图 5-5　四象、二十八宿、十二星次对应方位图

表 5-1　十二星次与二十八宿的对应关系

十二星次	星纪	玄枵	娵訾	降娄	大梁	实沈	鹑首	鹑火	鹑尾	寿星	大火	析木
二十八宿	斗牛	女虚危	室壁	奎娄	胃昴毕	觜参	井鬼	柳星张	翼轸	角亢	氐房心	尾箕

不过，自从发现岁差之后，由于岁差的影响，十二星次起讫度数实际是逐渐变化的。

重耳于岁在实沈之年纪元，实沈星次对应于二十八宿中的觜宿和参宿。据恒星分野观念，《乙巳占》“分野”说：“毕觜参，晋魏之分野。”即岁在实沈，就是岁星位于毕觜参三宿的方位，而这三个星宿正好对应于晋魏。春秋时代只有晋国，故岁在实沈，晋国有福，万事顺遂，重耳继位立元，没有不成功的道理。

9. 太白昼见秦分

——傅奕关于李世民当有天下的预言

（1）傅奕关于秦王当有天下的预言

唐高祖李渊在隋末农民起义的军阀混战中获得天下，立长子建成为太子，封次子世民为秦王。在建立政权的过程中，李世民的功劳最大，论才学，于诸子中也最高。但李建成早已立为太子，在宫廷中便形成东宫和秦王府两派势力。太子自感储位受到威胁，便与人谋划除掉李世民。李世民得知消息，便先下手为强，杀死了大哥李建成和三弟李元吉，获得了帝位的继承权，这便是历史上著名的玄武门之变。高祖武德九年八月即传位于李世民。他便是著名的唐太宗（599～649年），公元626～649年在位（见图5-6）。

图5-6　唐太宗像

《旧唐书·傅奕传》曰："奕武德九年五月密奏太白见秦分，秦王当有天下，高祖以状授太宗。及太宗嗣位，召奕赐之食，谓曰：'汝前所奏，几累于我，然今后但须尽言，无以前事为虑也。'"

《旧唐书·天文志》也有相同的记载，只是文字略有出入："傅奕奏：太白昼见于秦，秦国当有天下。"

事实上，《傅奕传》中将"太白昼见于秦"漏掉了"昼见"二字。太白即金星，为内行星，它只能在距太阳左右 48 度的范围内运动，故于夜间只能见其夕出西方，晨出东方，不可能见其经天，即从天顶通过。只有白昼太阳在天，太白才能经天，即见其出现在中天。只有经天，才是奇异天象出现。这就是说，太白经天与昼见是等同的。故《开元占经》载以往太白经天的占经语说：

> 石氏曰："太白经天，见午上，秦国王，天下大乱。"
>
> 《荆州占》曰："太白昼见于午，名曰经天，是谓乱纪，天下乱，改正易王。"
>
> 《荆州占》曰："太白夕见，过午亦曰经天，有连头斩死人。阴国兵强，王天下。"

这就是说，无论太白自西方降落，还是从东方升起，一定要升至午位，才能称之为经天。所谓午位，即距南方子午线东西十五度的范围之内。

傅奕于武德九年五月见到太白在井宿附近经天，认为出现了非同小可的异常天象，便秘密报告了高祖，并预言说这是秦王李世民当有天下的先兆。高祖见报后无可奈何，但将密报告诉了李世民，于李世民导演玄武门之变亦有影响。

（2）秦王当有天下的星占依据

傅奕观察到太白昼见秦分，即看到太白于秦分经天，便预言秦王当有天下。秦国地域在关中，其对应的星宿为井宿和鬼宿。太白经天这个异常天象在星占上的反映是什么呢?

《乙巳占》关于太白一般性的占辞曰：

> 太白主秦国，主雍梁二州。太白大，秦晋与王者兵强得地，王天下。

> 太白昼见，亦为大，秦国强。各以其宿占，其国有兵。

秦王即是秦国的代表。太白星明大，表示秦国强大不可战胜，当王天下。太白昼见是太白明大的象征。

如果暗弱，就不能昼见了。故傅奕预言秦王当有天下。

10. 五星聚东井

——汉革秦政天象的预言

（1）沛公至霸上的义举

秦朝末年，各地农民起义军蜂起，反抗秦王朝的残暴统治。项籍扶楚王室心为义帝，用以号令诸侯。义帝与诸侯约，先攻入关中的，就封为关中王。刘邦在西进关中时，军队纪律严明，采用抚慰和招降的政策，大受民众的欢迎，一路进军顺利。首先于汉元年（公元前 206 年）十月进入关中，受秦王子婴降。项羽后到关中，因救赵的过程中势力大增，自称西楚霸王。他不遵守义帝以前的约定，自行分封诸侯，将关中分封三王，贬刘邦为汉中王。项羽也因毒杀义帝、分封诸侯不公而导致众叛亲离，形成了长达六年之久的楚汉相争的局面。

在楚汉相争的过程中，刘邦广得民心，利用各个击破的办法，逐步变被动为主动。垓下一战，项羽四面楚歌，大败，自杀身亡，刘邦终于建立起他的刘汉帝国。

（2）五星聚于东井与后人的附会

刘邦所以能由弱变强，打败项羽取得天下，星占学家一致认为是由于他施行了德政和采取了义举。正因为这样，他取得了民众的拥护，由此，上天显示出了天下归刘的天象。归纳起来，有以下几种说法：

《史记·天官书》曰："汉之兴，五星聚于东井。"

《宋书·符瑞志》曰："高帝为沛公，入秦，五星聚于东井，岁星先至，而四星从之。占曰：'以义取天下。'"

《汉书·高帝纪》曰："元年冬十月，五星聚于东井。沛公至霸上。"

这三条记录都记载了汉兴之时五星聚于东井的天象，预示着秦朝当灭、汉朝当兴的吉兆。具体分析可以看出，这三条记录所载五星聚出现的时间是有别的，一个比一个具体。前者只是说汉兴之时，至少可以理解为汉元年至二年。第二条可理解为入秦之后出现的五星聚，可理解为高祖十月至霸上时，或至霸上稍后之时出现的五星聚。第三条则很明确，是说元年十月五星聚东井。

若用现代方法回推当时天象，发现在高祖元年（前206年）四五月间确曾发生五星聚于东井的天象，五星相距不到31度。由此可知，《史记·天官书》的记载是正确的。只是编写《汉书·高帝纪》的史官，因不精天文，盲目附会，故神其事，误传为“元年冬十月，五星聚于东井”。有台湾学者据此断言古人伪造天象记录，这当是夸张的说法。其实，即使四月出现五星聚的天象，于星占也已经符合得很好了。人为地附会为十月聚于东井，反而弄巧成拙。

（3）五星聚是吉兆还是凶兆？

《春秋元命苞》曰："商纣之时，五星聚于房。"

《帝王世纪》曰："文王在丰，九州诸侯咸至，五星聚于房。"

《宋书·符瑞志》曰："文王梦日月着其身……孟春六旬，五纬聚房。"

《史记·天官书》曰："汉之兴，五星聚于东井。"

对以上记载进行分析，五星聚都与新的王朝兴起有关，故人们推论五星聚这种天象是一种大的吉兆。这种说法对不对呢？笔者以为也对也不对。历史总是站在新王朝立场上说话的，故大多数人都认为五星聚是吉兆。但天象的显现是双向的，对新王朝吉利的天象，对旧王朝就一定是凶象。

实际上，五星聚所显现的天象性质与日食、彗星的出现相似，都是改朝换代、更改帝王的象征。所以，与其说五星聚是吉兆，还不如说是凶兆更贴切一些。以上两条五星聚的记录对商纣王和秦王朝来说是凶兆，这是不言而喻的。因此，清代雍正朝等出现的五星聚被史臣们称誉为德化所至的嘉祥，当与天下臣民共庆之云云，都是星占术士讨皇帝欢心的谀辞。

对五星聚所发生的星座也是有明确含义的，是指该天象将应验的地区。上引商末、秦末两条五星聚记录，房宿对应于商人的中心地带宋之豫州，东井为秦人的中心地带秦之关中，由五星聚所在星座所对应的地理分野也应当理解为五星聚是凶兆。